Azharin Shah Abd Aziz

Adsorbent wodny z SBE do biopetrolu

Azharin Shah Abd Aziz

Adsorbent wodny z SBE do biopetrolu

Adsorbent wodny z SBE do odwadniania etanolu Mieszanina wodna

Wydawnictwo Bezkresy Wiedzy

Imprint

Cover image: www.ingimage.com

Publisher:
Wydawnictwo Bezkresy Wiedzy
is a trademark of
International Book Market Service Ltd., member of OmniScriptum Publishing Group
17 Meldrum Street, Beau Bassin 71504, Mauritius
Printed at: see last page
ISBN: 978-620-2-44752-2

Adsorbent wodny z SBE do biopetrolu

SPIS TREŚCI

WYKAZ CYFR

WYKAZ SYMBOLI

Ad%	Procent adsorpcji pojedynczych jonów metali
Adtot%	Całkowity procent adsorpcji jonów metali
b	Energia sorpcji związana z adsorpcją jednowarstwową
B	Stała Temkin
dp	Średnica średnich rozmiarów porów
c	Stężenie adsorbatu na wyjściu
ce	Stężenie adsorbatu w stanie równowagi
cF	Stężenie wlotowe do złoża adsorbcyjnego
C	Stężenie wody po procesie adsorpcji
Kadry	Ilość adsorbentu rozpuszczonego na masę adsorbentu
Cb	Stężenie adsorbatu na wylocie łóżka
Ce	Stężenie równowagi
Ci	Stężenie początkowe lub stężenie adsorbatu w złożu
Co	Stężenie początkowe
Por.	Koncentracja końcowa
cCa(0)	Stężenie jonów wapnia przed rozdzieleniem faz
cCa(t)	Stężenie jonów wapnia po rozdzieleniu faz
ΔHads	Ciepło adsorpcji
εb	Frakcja nieważna łóżka
ε	Stała izotermiczna DKR
kc	Współczynnik korygujący dla modelu Yoon i Nelson
Kad	Stała izotermiczna DKR
K	Stała Freundlicha odniesiona do temperatury roboczej
K	Stała równowagi adsorpcyjnej w modelu Klinkenberga
KF	Freundlich stale
KL	Langmuir stały
KT	Stała Temkin
k	Współczynnik przeniesienia masy całkowitej
k'	Stała stawka dla modelu Yoon i Nelson
ΓCa	Zdolność wymiany wapnia
M	Masa cząsteczkowa
MCaO	Molekularna masa tlenku wapnia
n	Freundlich stale
N	Stała dla systemu adsorpcji dla modelu Freundlicha
P	Ciśnienie
Po	Ciśnienie początkowe
Q	Langmuir stały
qe	pojemność adsorpcji na masę adsorbentu w stanie równowagi
qs	teoretyczna izotermiczna pojemność nasycenia
SBET	Całkowita powierzchnia przy zastosowaniu metody BET
t	Czas pobierania próbek
τ	Bezwymiarowy czas w modelu Klinkenberga
τ	Czas odwodnienia przy 50% (tj. Cb/2) w modelu Yoon i Nelson

2Θ	Kąt dyfraktogramu rentgenowskiego
u	Prędkość powierzchniowa
V	Objętość próbki
V_a	Objętość fazy wodnej
V_{micro}	Objętość mikroporów
V_{tot}	Całkowita objętość porów
W_{ady}	Waga adsorbentu w fiolce
W_{eth}	Waga etanolu wstrzykiwanego do fiolki
ξ	Bezwymiarowa długość łóżka
z	Wysokość łóżka

LISTA SKRÓTÓW

AAS	Spektrometr absorpcji atomowej (Atomic Absorption Spectrometer)
BET	Brunauer-Emmet-Teller
BFA	Popiół lotny z bagassy
BJH	Barret-Joyner-Halenda
CBC	Zdolność wiązania wapnia
CEC	Zdolność wymiany kationów
DKR	Dubinin-Kaganer-Radushkevich
DOE	Projektowanie eksperymentów
EDTA	Kwas etylenodiaminotetraoctowy
EDX	Zdjęcie rentgenowskie rozpraszające energię
EDXS	Spektroskopia rentgenowsko-rozpraszająca energię
FAU	Faujasite
FESEM	Skanowanie emisji w terenie Mikroskopia elektronowa
FIST	Wydział Nauk i Technologii Przemysłowych
FTIR	Przekształcona podczerwień Fouriera
HSFA	Popiół lotny o wysokiej zawartości krzemu (High Silicon Fly Ash)
ICDD	Międzynarodowy Komitet ds. Danych Dyfrakcyjnych
ICP-AES	Indukcyjnie sprzężona plazmowa spektrometria emisji atomowej
ICP-MS	Indukcyjnie sprzężona spektrometria masowa Llasma
ICP-OES	Indukcyjnie sprzężony plazmowo-optyczny spektrometr emisji
IR	W podczerwieni
IZA	Międzynarodowe Stowarzyszenie Zeolitów
JCPDS	Wspólny Komitet ds. Norm Dyfrakcji Prochu
KOH	Wodorotlenek talu
LTA	Linde Typ A
MIF	Zeolit ZSM-5
MPOB	Malezja Palm Oil Board
MOR	Mordenit
OVAT	Jeden zmienny-czas
PAL	Pałygorskite
PEG	Glikol polietylenowy
PSA	Adsorpcja Huśtawka Ciśnieniowa
PTFE	Politetrafluoroetylen
RBD	Rafinowany, bielony i dezodoryzowany
SBE	Ziemia przeznaczona do wybielania
SEM	Skaningowa mikroskopia elektronowa
SC	Skanowanie kalorymetrii
TGA	Analiza termograwimetryczna
UMP	Universiti Malaysia Pahang
UV	Ultrafiolet
XRD	Dyfraktometria rentgenowska
XRF	Fluoroscencja rentgenowska
ZSM-5	Zeolite-Socony-Mobile-5

CHAPTER 1

WPROWADZENIE

1.1 Kontekst badań

Etanol lub bioetanol jest uznawany za alternatywę dla paliw kopalnych. Biopaliwo to oferuje potencjalne korzyści dla środowiska, takie jak zmniejszenie emisji gazów toksycznych i zmniejszenie emisji gazów cieplarnianych (Walls *et al.* , 2011 oraz Parag *et al.* , 2010). Etanol może być produkowany ze źródeł odnawialnych i może być stosowany w silniku bez konieczności modyfikacji po zmieszaniu z benzyną (Padala *i in.* , 2012). Aby mógł zostać zmieszany z benzyną do produkcji gazoholu, alkohol etylowy musi być bezwodny (Pereira *i in.* , 2012). Konwencjonalny proces destylacji jest w stanie oczyścić mieszaninę etanolu i wody do 95,6 % mas. etanolu, dzięki utworzeniu minimalnego składu azeotropowego o temperaturze wrzenia 78,2°C i ciśnieniu atmosferycznym (Green i Maloney, 1997). Do produkcji bezwodnego alkoholu etylowego wykorzystano różne sposoby, takie jak destylacja azeotropowa, destylacja ekstrakcyjna, destylacja próżniowa, procesy adsorpcji i procesy membranowe (Kumar *i in.* 2010).

Pierwotną ideą tej pracy doktorskiej było rozbicie mieszaniny azeotropowej mieszaniny etanolu i wody za pomocą ultradźwięków w kolumnie destylacji wsadowej w oparciu o prace badawcze Abdula Mudalipa (2007). Inne badania, w których zastosowano ultradźwięki do oddzielenia mieszaniny etanolu i wody, to Takaya *i in.* (2005), Nii *i in.* (2008) i inne. Jednakże wyniki eksperymentalne wykazały, że destylacja ultradźwiękowa (CREST Ultrasonic Model P 1800 D) z częstotliwością 45 KHz nie była w stanie rozdzielić azeotropowej mieszaniny etanolu z wodą. Doświadczenie wykazało, że badanie ultradźwiękowe było w stanie zwiększyć wydajność destylatora tylko o współczynnik około 2. Dane doświadczalne z Hamai *et al.* (2008) wykazały również, że woda zawierająca alkohol etylowy może być oddzielana tylko w niewielkim stężeniu przy użyciu techniki ultradźwiękowej. Przy wyższych stężeniach, np. zbliżonych do składu azeotropowego, nie zaobserwowano oddzielania się mieszaniny etanolu i wody. Podobną obserwację stwierdzili Kirpalani i Suzuki (2010).

Aby kontynuować te prace badawcze, należy znaleźć inne alternatywy. Jedną z atrakcyjnych metod jest adsorpcja przy użyciu adsorbentu wodnego. Twierdzono, że adsorpcja zużywa mniej energii (Simo *i in.* , 2007; Wang *i in.*, 2010; oraz Calinescu *i in.* , 2013). W oparciu o dostępność sprzętu, surowców i ograniczenia finansowe, naukowiec zdecydował się na syntezę, charakterystykę i badanie wydajności adsorbentu wodnego produkowanego ze zużytej ziemi bielonej (SBE).

1.2 Problematyka

Aby etanol mógł być stosowany jako paliwo w silnikach spalinowych, musi być bezwodny o czystości co najmniej 99,5% objętości w 15,6oC (Kumar *i in.* , 2010). Mieszanina etanolu z wodą tworzy azeotrop w składzie 95,6% etanolu i 4,4% wody w stosunku wagowym o temperaturze wrzenia 78,2oC pod ciśnieniem atmosferycznym. Ze względu na to ograniczenie, konwencjonalna destylacja nie jest w stanie oczyścić mieszaniny etanolu i wody powyżej 95,6% masy etanolu. Opracowano różne techniki rozbijania azeotropów mieszaniny etanolu i wody, takie jak destylacja azeotropowa (Kunnakorn *i in.* , 2012), destylacja ekstrakcyjna (Figueroa i in. , 2012), perwaporacja (Bolto *i in.* , 2011), metoda huśtawki ciśnieniowej (Mulia Soto i Flores-Tlacuahuac, 2011), metoda ekstrakcyjnej ściany działowej (Kiss and Ignat, 2012), adsorpcja (Wang *i in.* , 2010) itp. Każda z tych technik ma swoje zalety i wady. Na przykład, większość technik opartych na destylacji wymaga dodatkowych kolumn i wymaga trzeciego składnika w celu zmiany względnej lotności w celu przesunięcia punktu azeotropowego. Większość trzecich składników uważanych jest za niebezpieczne dla zdrowia, takich jak benzen, cykloheksan itp.

SBE jest odpadem stałym pochodzącym z rafinerii oleju palmowego, a roczna produkcja SBE jest szacowana na 1% - 2% produkcji rafinowanego, bielonego i dezodorowanego (RBD) oleju palmowego (Mat *i in.* , 2011). Według Wydziału Ekonomii i Rozwoju Przemysłu Malezji Palm Oil Board (MPOB) produkcja oleju palmowego RBD w 2015 r. wyniosła 12 603 185 ton, co odpowiada ponad 126 000 ton SBE w samej Malezji, a ponad 600 000 ton bielonej ziemi jest wykorzystywane na całym świecie w zakładzie rafinacji oleju palmowego. Dotychczasowa praktyka pokazała, że zużyta ziemia bielona jest wyrzucana na wysypisko bez obróbki. Stanowi to poważny problem dla środowiska. Aby przezwyciężyć ten problem ekologiczny, SBE powinien być poddany recyklingowi. Suhartani *et al.* (2011), produkowali brykiet opałowy z wypalonej bielonej ziemi. Abd Wafti *et al.* (2011) oraz Meziti i Boukerrou (2011), badali regenerację SBE. Inni badacze badali produkcję biodiesla z oleju odpadowego odzyskanego ze zużytej ziemi bielonej (Huang i Chang, 2009 i Mat *et al.* , 2011). Boey *et al.* , (2011) badali pirolizę oleju resztkowego w SBE w celu wytworzenia paliwa alternatywnego i chemikaliów. Loh *et al.* (2013) badali potencjał SBE do stosowania jako nawóz organiczny.

W pracy badawczej SBE zostały przekształcone w materiał adsorbujący wodę i wykorzystane do produkcji bezwodnego etanolu. Przekształcenie zużytej bielonej ziemi (SBE) w adsorbent ograniczy problem składowania SBE na składowisku i zwiększy wartość odpadów takich jak SBE.

1.3 Cele

Cele tych prac są następujące:

i) Przesiewanie metod wytwarzania twardych, spójnych adsorbentów wodnych w celu odwodnienia mieszaniny etanolu z wodą.

ii) W celu zbadania wpływu temperatury topnienia, dodawania tlenku glinu, dodawania KOH, czasu leżakowania, temperatury leżakowania i dodawania wody do wody adsorbowanej (lub pobierania wody) przez adsorbent wodny za pomocą konwencjonalnego eksperymentu OVAT (one variable-at-time).

iii) Badanie głównych i interakcyjnych skutków temperatury topnienia, dodawania tlenku glinu, czasu starzenia, temperatury starzenia, dodawania wody i dodawania KOH do wody adsorbowanej (lub pobierania wody) przy użyciu metod doświadczalnych (DOE) opartych na informacjach z ii).

iv) Badanie wydajności syntetycznego adsorbentu wodnego do odwadniania mieszaniny etanolu i wody pod względem krzywej odwodnienia etanolu i wody, symulacja i porównanie z komercyjnym adsorbentem wodnym.

1.4 Zakres prac

Zakresy tej pracy są:

i) SBE został użyty jako główny surowiec do syntezy adsorbentu wodnego. Jako źródło potasu zastosowano wodorotlenek potasu, a w stosownych przypadkach dodano tlenek glinu w celu zwiększenia zawartości tlenku glinu.

ii) Pobór wody z wytworzonego materiału adsorpcyjnego oznaczono poprzez pomiar zawartości wody w mieszaninie etanol-woda przed i po procesie adsorpcji z użyciem titratora Karla Fishera.

iii) Do opracowania metody eksperymentalnej wykorzystano oprogramowanie statystyczne Minitab R14. Badane zmienne zostały zoptymalizowane za pomocą wbudowanego w oprogramowanie optymalizatora.

iv) Charakterystykę surowca uzyskano za pomocą ICP-MS i FESEM-EDX. Charakterystykę zsyntetyzowanego materiału adsorbującego wodę przeprowadzono metodą XRD, FESEM i BET.

v) Odwodnienie mieszaniny azeotropowo-etanolowo-wodnej przeprowadzono w stołowym aparacie adsorpcyjnym. Wyniki w zakresie krzywej dehydratacji i izoterm adsorpcji syntetycznego adsorbentu wodnego z SBE porównano z komercyjnym zeolitem 3A.

vi) Model Yoona i Nelsona wykorzystano do symulacji i prognozowania krzywej odwodnienia mieszaniny etanolu i wody zarówno syntetyzowanej, jak i handlowej zeolitu 3A.

1.5 Zarys tezy

W rozdziale 1 przedstawiono tło badań, określenie problemu, cele i zakresy. W rozdziale 2 znajduje się przegląd literatury dotyczącej adsorbentu wodnego, głównie zeolitu A i związku skrobiowego. Omówiono tu metodę syntezy i charakterystykę adsorbentów wodnych, zwłaszcza zeolitu A. Materiały, sprzęt i metody syntezy, charakteryzacji i badania produktów znajdują się w rozdziale 3. Krótko mówiąc, metoda syntezy adsorbentu wodnego została zmodyfikowana metodą fuzji. Zbadano sześć zmiennych pod kątem adsorpcji wody lub poboru wody przez adsorbent. Zmienne to: dodana woda, dodany KOH, dodany tlenek glinu, temperatura topnienia, temperatura starzenia i czas starzenia. Zmienne były badane przy użyciu konwencjonalnej metody OVAT, a następnie metody DOE. Wyniki metody OVAT zostały wykorzystane w metodach DOE. Później przeprowadzono test wydajności adsorbentu wodnego i handlowego zeolitu 3A. Wyniki i dyskusja zostały przedstawione w rozdziale 4. Podsumowując, w rozdziale tym przedstawiono odpowiednią metodę produkcji twardego i spójnego adsorbentu wodnego, czynniki wpływające na pobór wody przez adsorbent, zoptymalizowane zmienne do produkcji najlepszego adsorbentu wodnego, krzywą przebicia adsorbentu wodnego do odwadniania mieszaniny azeotropowo-etanolowej oraz model stosowany do symulacji krzywej przebicia. Wreszcie, wnioski i zalecenia dotyczące tej i przyszłych prac znajdują się w rozdziale 5, ostatniej części tezy.

CHAPTER 2

PRZEGLĄD LITERATURY

2.1 Wprowadzenie

Istnieje wiele adsorbentów opracowanych dla szerokiego zakresu separacji, takich jak węgiel aktywny, żel krzemionkowy, korund aktywny, zeolit z sita molekularnego, polimery syntetyczne i żywice (Geankoplis, 1995). Do adsorbentów stosowanych do odwadniania mieszaniny etanolu z wodą należały m.in. sita molekularne, żele krzemionkowe i bio-suszarki (Al-Asheh *i in.* , 2004). W badaniach tych adsorbent wodny do odwadniania mieszaniny azeotropowej wody etanolowo-wodnej został zsyntetyzowany ze zużytej ziemi bielonej (SBE).

2.2 Bielenie Ziemi

Według Maes i Dijkstra (1993), w procesie rafinacji oleju jadalnego proces bielenia jest uważany za istotny dla określenia jakości i stabilności produktu końcowego. W procesie bielenia usuwane są substancje barwiące oraz szereg zanieczyszczeń takich jak żelazo, miedź, wapń, magnez, nikiel i fosfor oraz niektóre pierwiastki utleniające. W procesie bielenia najbardziej rozpowszechnione jest wybielanie ziemi lub wybielanie gliny, a także tzw. pełniejsza ziemia. Zużyta bielona ziemia była powszechnie wyrzucana na wysypisko bez przetwarzania (Abd Wafti *i in.* , 2011).

2.2.1 Regeneracja wybielającej się ziemi

Zgodnie z patentem Maes i Dijkstra (1993) zużyta ziemia bielona (SBE) może być regenerowana i ponownie wykorzystana do rafinacji oleju jadalnego. Typowy SBE składa się z 60% masy materiału nieorganicznego, 36% masy materiału organicznego i 4% masy wilgoci. Materiał organiczny wykonany jest z oleju trójglicerydowego, fosfolipidów, wolnych kwasów tłuszczowych i mydeł. Ogólny skład SBE może się jednak różnić w zależności od rafinerii. W wynalazku tym, dla pełnego spalania materii organicznej i węgla, należy liczyć się z zapotrzebowaniem na 100 kretów tlenu na kg substancji organicznej. Odpowiada to 11,5 m^3 powietrza atmosferycznego na kg substancji organicznej. Powietrze powinno być wdmuchiwane do łoża fluidalnego. Temperatura w wolnej burcie nie powinna przekraczać 1000°C, aby uniknąć modyfikacji konstrukcji. Preferowana temperatura wynosi od 350°C do 700°C. Twierdzili oni, że zregenerowana bielona ziemia ma prawie taką samą moc jak świeża bielona ziemia.

Abd Wafti *i wsp.* (2011), badał regenerację SBE poprzez bezpośrednią obróbkę cieplną i ekstrakcję rozpuszczalnikową, a następnie obróbkę cieplną. Obróbka cieplna została przeprowadzona w piecu w temperaturze od 400-800°C. Wyniki eksperymentu wykazały, że regeneracja za pomocą bezpośredniej obróbki cieplnej pozwoliła uzyskać lepiej zregenerowaną ziemię bielącą. Wyniki badań wykazały również, że obróbka cieplna w temperaturze 500°C pozwoliła uzyskać zregenerowaną ziemię bielącą o większej powierzchni właściwej, większej całkowitej objętości porów i lepszej wydajności bielenia.

Inni badacze poddali SBE recyklingowi poprzez produkcję brykietu paliwowego z SBE (Suhartani *i in.* , 2011), produkcję biodiesla z oleju odpadowego odzyskanego z SBE (Huang i Chang, 2009) oraz pirolizę oleju odpadowego w SBE w celu produkcji paliwa alternatywnego i chemikaliów (Boey *i in.* , 2011).

2.3 Zeolit A

Adsorbenty wodne lub sita molekularne typu zeolit A są dostępne w kilku typach, takich jak 3A, 4A i 5A (Haden *i in.* , 1961 i Al-Ashehet i in. , 2004). Typ 3A to zeolit potasowy odwodniony, typ 4A to zeolit sodowy odwodniony, a typ 5A to zeolit wapniowy odwodniony. Al-Asheh *et al.* (2004) badali rozdzielanie mieszanin etanol-woda przy użyciu sit molekularnych i adsorbentu biologicznego. W badaniach wykorzystano komercyjne sita molekularne typu 3A, 4A i 5A. Zawartość wody w roztworze paszowym wahała się od 5-12%. Przełomowe krzywe sorpcji wody przy różnej zawartości wskazują, że typ 3A dawał najlepszą separację. Stwierdzono, że sita molekularne typu 3A mają największą powierzchnię i największą wartość poboru wody. Trzy zeolity mają tę samą strukturę krystaliczną i są łatwo wymienialne za pomocą prostych procedur wymiany podstawowej. Wzór empiryczny dla zeolitu typu 4A jest następujący (Al- Asheh *i in.* , 2004):

$$Na2O.Al2O3.2SiO2.(4\text{-}5)H2O \qquad 2.1$$

Zeolit A składa się zasadniczo z trójwymiarowych ram czworościanu SiO4 i AlO4 (Milton, 1959 i Rios *et al.* , 2009). Czworościan został połączony krzyżowo poprzez udział atomów tlenu, więc stosunek atomu tlenu do sumy atomu glinu i krzemu jest równy 2. Czworościan jest połączony z koszykami formowanymi połączonymi przez otwarcie porów o określonej wielkości. Elektrowalencja czworościanu zawierającego aluminium jest równoważona przez włączenie kationów takich jak K lub Na. Ogólny wzór dla zeolitu A został podany przez (Milton *i in.*, 1959):

$$1.0 \pm 0.2M_{\frac{2}{n}}O : Al_2O_3 : 1.85 \pm 0.5SiO_2 : YH_2O \quad 2.2$$

W tym wzorze M przedstawia metal taki jak Na lub K, n jego walencję, a Y może mieć dowolną wartość do 6, w zależności od metalu M i stopnia odwodnienia. Na przykład, dla całkowicie odwodnionego zeolitu sodowego A, wartość Y wynosi 5,1, a dla całkowicie odwodnionego potasu (95% zastąpionego jonem Na) zeolitu A, wartość Y wynosi 4,0.

Rios *i wsp.* (2009) podali, że zeolit LTA [Na12(Al12Si12O48)27H2O] ma trójwymiarową strukturę porów, w której pory przebiegają prostopadle do siebie w płaszczyźnie X, Y i Z. Średnica porów jest mała i wynosi 4,2 Å, co prowadzi do większego zagłębienia o minimalnej wolnej średnicy 11,4 Å. Zeolit LTA ma pustą frakcję objętościową wynoszącą 0,47 przy stosunku Si/Al wynoszącym 1,0.

Musyoka *i in.* (2012) poinformowali, że zeolit A oznaczony przez kod Międzynarodowego Stowarzyszenia Zeolitów (IZA) jako Linde Type A (LTA) ma zastosowanie przemysłowe, takie jak separacja, wymiana jonowa, sekwestracja $_{CO2}$ i kataliza.

2.4 Synteza izolitów

Milton (1959) podał, że źródłem krzemionki przy wytwarzaniu zeolitu A może być żel krzemionkowy, kwas krzemowy lub krzemian sodu. Tlenek glinu może być otrzymywany z aktywowanego korundu, korundu gamma, tlenku glinu, trójwodnego korundu lub glinianu sodu. Wodorotlenek sodu dostarcza jon sodowy i pomaga w kontrolowaniu pH. Reaktanty w odpowiednich proporcjach są umieszczane w zamkniętym pojemniku, aby zapobiec utracie wody, a reaktory są podgrzewane przez wymagany czas. Preferowaną procedurą przygotowania mieszaniny reagentów jest wykonanie wodnego roztworu zawierającego glinian sodu i wodorotlenek sodu i dodanie ich, najlepiej poprzez mieszanie, do wodnego roztworu krzemianu sodu. System jest mieszany aż do momentu, w którym jakikolwiek jednorodny lub uformowany żel zostanie rozbity na prawie jednorodną mieszankę w temperaturze pokojowej. Krystalizacja może być przeprowadzona w temperaturze 100°C. Jest on wystarczająco wysoki, aby wspierać reakcję, ale wystarczająco niski, aby uzyskać kryształ o wysokiej zawartości wody, który po aktywacji ma wysoką zdolność adsorpcji. Zadowalające wyniki uzyskano przy temperaturze reakcji zaledwie 21°C i 150°C. Zeolit sodowy A może być całkowicie skrystalizowany w ciągu 6 godzin w temperaturze 100°C. Może pozostawać w kontakcie z likierem macierzystym bez widocznych zmian w wydajności lub strukturze krystalicznej. Po okresie krystalizacji kryształy są filtrowane i płukane do pH 9-12. Do badań rentgenowskich i analiz chemicznych wystarczy suszenie w temperaturze od 25°C do 150°C. Stwierdzili, że w syntezie zeolitu A skład reagującej mieszaniny jest krytyczny. Stwierdzili oni również, że temperatura krystalizacji i czas krystalizacji są ważnymi zmiennymi w określaniu wydajności materiału krystalicznego. Zeolit A wytwarzany jest w temperaturze 100°C z mieszanin reaktywnych, których skład mieści się w jednym z następujących zakresów: SiO2/Al2O3:0,5-1,3, Na2O/SiO2:1,0-3,0 i H2O/Na2O:35-100.

Haden *i in.* (1961) opisali metodę wytwarzania zeolitu A z kaolinu. W patencie twierdzono, że był on w stanie wytworzyć twardy i spójny zeolit A, wolny od spoiw. Surowcem jest kaolin o wzorze podanym jako (Haden *i in.* , 1961):

$$Al_2O_3.2SiO_2.(2\text{-}4)H_2O \qquad 2.3$$

Aby wyprodukować zeolit A, stosunek masy krzemionki do tlenku glinu powinien wynosić 1,177 (± 0,030). Stosunek ten może być regulowany przez dodatkowe źródło korundu lub krzemionki w mieszaninie glinowo-alkalicznej. Glina musi być odwodniona przez kalcynowanie w temperaturze około 427 - 871°C, najlepiej w temperaturze 649-816°C. Kalcynacja poniżej 427°C nie była wystarczająca i przy temperaturze powyżej 871°C powstał mulit. Zgodnie z tym patentem, ilość zasad do wykorzystania jest w stechiometrii (Haden *i in.* , 1961):

$$2NaOH + Al_2O_3.2SiO_2 \rightarrow Na_2O.Al_2O_3.2SiO_2.H_2O \qquad 2.4$$

(80 gram) (222 gram) (302 gram)

Źródłem zasady może być wodorotlenek sodu, wodorotlenek potasu lub ich mieszanina. Zakres stężeń wody alkalicznej powinien wynosić około 30-50% masowo, najlepiej 40-50% masowo. Niskie stężenie daje drobny proszek lub miękkie kruszywo. Nadmiar zasady powinien być wypłukany przed krystalizacją. Podano, że nie tworzy się zeolit A, gdy użyto 50% nadwyżki wagowej NaOH. Mieszanka zasadowo-gliniasta może być formowana mechanicznie poprzez wytłaczanie, frezowanie, formowanie itp. Następnie reakcję między gliną a ługiem przeprowadza się w niskiej temperaturze, 21°C-46°C, najlepiej w 38°C. Twierdzono, że soladyt zacznie się formować w 52°C, a w 107°C powstał tylko soladyt. Czas reakcji na zakończenie wynosił od 6 do 24 godzin. Jednakże, aby zapewnić zakończenie reakcji, czas reakcji może zostać przedłużony do 48-96 godzin. W tej reakcji masa jest przekształcana w spójny, jednorodny skład amorficzny, który krystalizował się do zeolitu A. Reakcję przeprowadza się w zamkniętym naczyniu reakcyjnym w celu zatrzymania wody. Materiał amorficzny jest poddawany starzeniu w celu przekształcenia go w stan polikrystaliczny. Automatycznie zamieni się w zeolit A, jeśli zostanie pozostawiony w temperaturze pokojowej na 18 dni. Aby przyspieszyć krystalizację, można stosować podwyższoną temperaturę w zakresie 66°C-163°C w obecności co najmniej teoretycznej ilości wody do tworzenia Na2O.Al2O3.2SiO2.(4-5) H2O, przez co najmniej 1 godzinę, zwykle 4-6 godzin pod ciśnieniem autogenicznym. Jedną z odpowiednich metod jest refluksowanie amorficznej masy w 5 częściach 5% NaOH przez 48 godzin. Kruszywo polikrystaliczne może być oddzielone przez dekantację, przemyte w celu usunięcia zasad i wysuszone. Przed użyciem zeolit może być odwodniony w temperaturze 104°C do 538°C, najlepiej w temperaturze 204°C-370°C. W temperaturze powyżej 538°C struktura porów ulega zniszczeniu. Stwierdzono, że do produkcji zeolitu A z metakaoliny, stosunek tlenku glinu do krzemionki powinien wynosić 1,177 przy temperaturze starzenia 21-46°C.

Frilette i Kerr (1963) opisali metodę syntezy stałego sita molekularnego glinokrzemianu sodu o efektywnej wielkości porów 4Å poprzez przygotowanie mieszaniny tlenku sodu, krzemionki i tlenku glinu z wodą, o składzie molowym mieszczącym się w następujących zakresach Na2O/SiO2 od 0,8 do 3,0, SiO2/Al2O3 od 0,5 do 2,5 oraz H2O/Na2O od 35 do 200. Odpowiednie odczynniki do przygotowania zeolitu obejmują zol krzemionkowy, żel krzemionkowy, kwas krzemowy lub krzemian sodu jako źródła krzemionki. Źródła korundu mogą być aktywowane korundem, korundem gamma, korundem alfa, trihydratem glinu lub glinianem sodu. Wodorotlenek sodu jest wykorzystywany jako źródło jonów sodowych i do regulacji pH. Odpowiednim procesem było przygotowanie glinianu sodu i wodorotlenku sodu, a następnie dodanie go za pomocą szybkiego mieszania do wodnego roztworu krzemianu sodu. Krystalizacja może być przeprowadzana w temperaturze od 20°C do 175°C, najlepiej w temperaturze około 100°C pod ciśnieniem atmosferycznym. Krystaliczny zeolit został oddzielony od roztworu macierzystego przez filtrację lub odwirowanie. Masa krystaliczna była następnie płukana aż do osiągnięcia pH 9-12. Kryształy zostały wysuszone w temperaturze 25°C i 150°C. Twierdzono, że całkowicie krystaliczny zeolit 4A może być otrzymany w ciągu 4 godzin, gdy 27,2 g amorficznego glinokrzemianu sodu krystalizuje się w 1,1 N wodnym roztworze wodorotlenku sodu. Skład glinokrzemianu sodu wynosił 45% mol krzemionki, 27,5% mol korundu i 27,5% mol tlenku sodu. Pełną konwersję można osiągnąć w ciągu 1 godziny przez dodanie nasion (sito molekularne 4A) aż do 27,2 grama. Twierdzili oni, że zeolit 4A może być produkowany z glinianu sodu i krzemianu sodu przy użyciu następującego preparatu Na2O/SiO2 od 0,8 do 3,0, SiO2/Al2O3 od 0,5 do 2,5 i H2O/Na2O od 35 do 200 o temperaturze krystalizacji 20-175 °C. Dodatek nasion przyspieszy tworzenie się zeolitu.

Endres *et al.* (1981) opisali proces syntezy zeolitu A z kaolinu o zwiększonej lekkości i zmniejszonej żółtości, który może być stosowany w przemyśle detergentów. Konwersja kaolinu na metakolinę była przeprowadzana w temperaturze od 700°C do 950°C przez okres od 5 minut do 2 godzin w obecności związków ziem alkalicznych oraz opcjonalnie w obecności niebarwionych halogenków i/lub halogenków. W celu uzyskania maksymalnych efektów (tj. zdolności wiązania wapnia) wskazane było stosowanie najwyższych możliwych temperatur do tworzenia metakaolinu. Najlepiej stosowane związki ziem alkalicznych dzielą się na tlenek magnezu, węglan i/lub węglan wodorotlenku. Jako halogenki niebarwne mogą być stosowane fluorki, chlorki i/lub bromki, takie jak chlorowodór, halogenki boru, węgiel, krzem, fosfor, siarka, cynk, tytan i halogenki cyrkonu. Jako środek redukujący może być stosowany węgiel drzewny, koks naftowy, węgiel torfowy lub sadza. Ilość ziemi alkalicznej, metali alkalicznych i niebarwionych halogenów wynosi najlepiej od 0,2% do 2%, a ilość środka redukującego dodanego najlepiej od 0,5% do 5% wagowo. Metakaolinę można reagować z rozcieńczonym wodorotlenkiem sodu, stosując następujące stosunki masy molowej: Na2O/SiO2: od 0,05-10, H2O/Na2O: od 15-70 i SiO2/Al2O3: około 2. Metakaolinę najlepiej podgrzewać od 1 do 8 godzin w temperaturze od 70°C do 95°C w 7-30% roztworze wodorotlenku sodu. Ilość NaOH najlepiej wynosząca od 1,3 do 3 razy więcej niż ilość stechiometryczna do utworzenia zeolitu A. Otrzymany z tego wynalazku zeolit A wykazał, że zdolność wymiany wapnia wynosi ponad 150 mg CaO/g bezwodnego zeolitu A i powierzchni BET 13,0 m2/g.

Vaughan (1985) opisał syntezę zeolitu A zawierającego jon sodowy i potasowy. Zgodnie z patentem, zeolit A może być stosowany jako 3A (Na-K), 4A (tylko Na) lub 5A (Na-Ca). Zeolit 3A zawiera zazwyczaj wystarczająco duże kationy potasu w strukturze, aby zablokować wnikanie wszystkich molekuł z wyjątkiem wody. Wymaga to zastąpienia 60-90% kationów sodu w zeolicie A jonami potasu. W wynalazku przygotowana mieszanina reakcyjna składa się z 3 do 10 % źródła nasion (K lub Na typ A), soli sodowej (najlepiej wodorotlenku lub krzemianu sodu), soli potasowej (najlepiej wodorotlenku lub krzemianu potasu), wody, źródła tlenku glinu (Al2O3.3H2O, kaolinu, haloizytu, metakaolinu, siarczanu glinu itp. Mieszanina reakcyjna powinna mieć następujące zakresy składu: (Na2O+K2O): Al2O3-1.2 do 2.6, SiO2: Al2O3-1.8 do 2.5, H2O:Al2O-40 do 100. Twierdzono, że w przypadku braku nasion zeolit F lub mieszanki zeolitów A, F i X tworzył się szczególnie przy wyższym stosunku K/Na. Mieszaninę reakcyjną umieszczono w reaktorze, w którym temperatura utrzymywana była na poziomie 60°C do 120°C (najlepiej 80°C do 100°C) w celu wywołania krystalizacji. W temperaturze 95°C ogrzewanie może być prowadzone przez 6 godzin, natomiast w temperaturze 110°C ogrzewanie może być prowadzone w ciągu 2 godzin. Czas krystalizacji może być skrócony poprzez starzenie się zawiesiny reakcyjnej w temperaturze około 10-40°C przez 6 godzin do 6 dni przed etapem ogrzewania w temperaturze 80°C do 100°C. Stwierdzono również, że przy braku nasion może tworzyć się mieszanka zeolitów A, X i F.

Ojha *i in.* (2004) syntetyzowany zeolit typu X z popiołów lotnych z węgla. Zastosowaną techniką była fuzja zasadowa, a następnie obróbka hydrotermiczna. Surowy popiół lotny był przesiewany przez sito BSS Tyler o wielkości 80-mesh. Niespalony węgiel i materiały lotne usuwano poprzez kalcynowanie w temperaturze 800°C (± 10°C) przez 2 godziny. Popiół lotny został następnie poddany działaniu kwasu solnego w celu usunięcia glinu i żelaza do pewnego poziomu. Zwiększa to aktywność, stabilność termiczną i kwasowość zeolitu. Popiół lotny został zmieszany z wodorotlenkiem sodu w ustalonym wcześniej stosunku (NaOH: Popiół lotny = 1,0 do 1,5), zmielony i stopiony w nierdzewnej tafli w różnych temperaturach od 500-560°C przez 1 godzinę. Wtopioną mieszankę schłodzono do temperatury pokojowej, zmielono i dodano do wody (10 g popiołu lotnego na 100 ml wody). Gnojowica była mieszana w szklanej zlewce przez kilka godzin (12, 18 i 24 godziny). Następnie przez 6 godzin utrzymywano ją w temperaturze około 90°C bez zakłóceń. Powstały osad jest następnie wielokrotnie płukany wodą destylowaną, filtrowany i suszony w temperaturze 80°C. Czystość była wysoka przy maksymalnej powierzchni 383 m2/g. Stwierdzono, że cystalinowość przygotowanego zeolitu zmienia się wraz z temperaturą stapiania, a maksymalną wartość uzyskano w temperaturze 550°C. Najlepszą jakość zeolitu Na-X pod względem powierzchni i krystaliczności uzyskano w następującym stanie: Stosunek popiołu NaOH do popiołu lotnego, 1,3; temperatura syntezy, 550°C; czas starzenia, 24 godziny; oraz 6 godzin na obróbkę hydrotermiczną. Koszt wyprodukowanego zeolitu został oszacowany na prawie jedną piątą komercyjnego 13X zeolitu.

Rios *i wsp.* (2009) badali przemianę kaolinitu w zeolit LTA metodą konwencjonalnej syntezy hydrotermicznej i zasadowej, a następnie syntezy hydrotermicznej. W pierwszej konwencjonalnej metodzie do wody destylowanej w zlewkach z tworzywa sztucznego w celu przygotowania 1,33 M roztworu NaOH, do którego dodano kaolinit, dodano obliczoną ilość granulek wodorotlenku zasadowego. SiO2 został dodany w celu zwiększenia stosunku Si/Al. Dodawanie odczynników odbywało się w warunkach mieszania do momentu ich rozpuszczenia w jednorodnych żelach reakcyjnych. Kompozycje polarne dla żeli były Na2O: Al2O3: 2SiO2: 86.4H2O (bez dodatku SiO2) i Na2O: Al2O3: 2.3SiO2: 86,6H2O (z dodatkiem SiO2). W drugiej metodzie kaolinit mieszano na sucho z proszkiem NaOH (kaolinit/NaOH = 1/1,2 masy) przez 30 minut, a mieszaninę topiono w temperaturze 600°C przez 1 h. Wytopiony produkt mielono w moździerzu, a następnie dodawano 4,4 g tego proszku do 21,5 g wody destylowanej, mieszając w temperaturze pokojowej przez 5,30 h. Skład żelu molowego mieszanki wynosił 3,9Na2O: Al2O3: 2SiO2: 160H2O. Krystalizację prowadzono poprzez syntezę hydrotermiczną w warunkach statycznych w naczyniach z PTFE w temperaturze 100°C przez 6, 72 i 120 h lub 24, 48 i 72 h (konwencjonalna obróbka hydrotermiczna) oraz w temperaturze 60°C przez 24, 48 i 96 h (dla metody łączenia alkaliów). Po osiągnięciu tego czasu reaktory zostały wyjęte z pieca i ugaszone w zimnej wodzie, aby zatrzymać reakcję. Po obróbce hydrotermicznej mieszaniny reakcyjne były filtrowane i płukane do momentu, gdy filtrat stał się obojętny. Następnie próbki były suszone w piecu w temperaturze 80°C przez noc. pH hydrożeli mierzono przed i po zabiegu hydrotermicznym. Pierwszą metodą zaobserwowano współkrystalizację sodalitu i krycynitu (prawdopodobnie za pomocą niestabilnego zeolitu pośredniego). Wraz z dodaniem SiO2 promowano kilka faz zeolitu, w tym zeolity LTA, X i P ze śladowymi ilościami sodalitu i krycynitu. Za pomocą drugiej metody (fuzja zasadowa, po której nastąpiła reakcja hydrotermiczna) kaolinit został przekształcony w zeolit LTA.

Foletto *i in.* (2009) syntetyzowali produkty zeolityczne z wykorzystaniem popiołu z łupin ryżu jako źródła krzemu. Zastosowali oni skład molowy 1 Al2O3: 2.1 SiO2: 3.9M2O: 128 H2O gdzie M oznacza sód lub potas. Stosunek Si/Al wyniósł 1,05. Jako źródło aluminium zastosowano gliniany sodu lub potasu. Przygotowano je poprzez rozpuszczenie 54 g drutu aluminiowego w 2615 ml roztworu wodorotlenku sodu (12% mas.) lub w 2584 ml roztworu wodorotlenku potasu (11% mas.) za pomocą układu ogrzewania z refluksem przez 30 minut. W celu przygotowania mieszaniny reakcyjnej przeprowadzono następującą procedurę: 2,07 g prochu kondycjonowano w autoklawie w naczyniu wyłożonym teflonem o pojemności 40 cm3. Do popiołu dodano ilość 40 g roztworu glinianu sodu lub potasu. Krystalizacja odbywała się w temperaturze 100°C przez 3, 6 i 12 godzin. Ciało stałe zostało oddzielone przez filtrację i przepłukane wodą dejonizowaną. Później suszono ją w temperaturze 110°C przez 10 godzin. Wyniki wykazały, że KOH rozpuszczał korund i krzemionkę lepiej niż NaOH. Dyfraktogram rentgenowski wykazał, że możliwe jest formowanie zeolitu A przy użyciu popiołu z łuski ryżu jako źródła krzemu i NaOH jako czynnika mineralizującego. Synteza przeprowadzona przy użyciu KOH doprowadziła do powstania amorficznych glinokrzemianów. Wysokie wartości pojemności wymiany kationowej (>5 meq/g) wskazywały, że wszystkie próbki posiadały dobre właściwości adsorpcyjne.

Fotovat *i in.* (2009) wykorzystali wysokokrzemowy popiół lotny (HSFA) jako źródło krzemu w syntezie zeolitów Na-A, Na-X i Na-Y poprzez syntezę alkaliów, a następnie obróbkę hydrotermiczną w temperaturze 100°C przez 12 godzin. HSFA został zmieszany z proszkiem NaOH w proporcjach 1:1.2 i 1:2. Następnie mieszanina została stopiona w temperaturze 600°C na 1,5 godziny. Do 100 ml wody destylowanej dodano ilość 20 g stopionego HSFA. Obliczoną ilość proszku NaAlO2 dodano do tej mieszaniny w celu zbadania wpływu różnych stosunków molowych Si/Al na zsyntetyzowany zeolit. Stosunek Si/Al mieścił się w przedziale od 1,6 do 3,0. Otrzymaną zawiesinę starzono przez 8 godzin, mieszając ją w temperaturze pokojowej i pod ciśnieniem otoczenia. Po starzeniu, zawiesinę poddano krystalizacji hydrotermicznej w temperaturze 100°C przez 12 godzin. Produkt stały był odzyskiwany przez filtrację i dokładnie płukany wodą dejonizowaną do momentu obniżenia pH przesączu do poziomu poniżej 10. Wytrącone ciało stałe poddano suszeniu w temperaturze 65°C i scharakteryzowano. Stwierdzono, że zeolit Na-A produkowano, gdy stosunek Si/Al jest mniejszy niż 2,0; zeolit Na-X produkowano, gdy stosunek Si/Al wynosi od 2,0 do 2,4; a stosunek Na-Y produkowano, gdy stosunek Si/Al wynosi od 2,4 do 3,0. Zaobserwowano, że zwiększenie stosunku HSFA:NaOH w kroku fuzji z 1:1,2 do 1:2,0 miało niewielki wpływ na wzrost krystaliczności zeolitu.

Kugbe *et al.* (2009) zsyntetyzował zeolit Linde typu A (LTA), dodając do goetytu roztwór ortokrzemianu sodu, minerał żelaza (α-FeOOH), a następnie dodał glinian sodu i roztwór NaOH w temperaturze 100°C. LTA został zsyntetyzowany zgodnie z procedurą zalecaną przez Komisję ds. Syntezy

Międzynarodowego Stowarzyszenia Zeolitów. Glinian sodu (Na2O.Al2O3.3H2O, 40 mL, 0,0378 M) roztwór w 0,226 M NaOH został szybko dodany do 40 mL roztworu metasilianu sodu (Na2SiO2,5H2O) w 0,226 M NaOH. Mieszanina (3,17 Na2O: Al2O3: 1,93 SiO2: 128H2O) była stale mieszana do momentu homogenizacji, a następnie podgrzewana w temperaturze 100°C przez 4 godziny pod chłodnicą zwrotną chłodzoną wodą. Zawartość została następnie wypłukana wodą, wysuszona w temperaturze 40°C przez 24 godziny i użyta jako syntetyczny LTA. Goetyt został przygotowany według metody Schwertmanna i Cornella. Do 1 g syntetycznego goetytu dodano różne stężenia ortokrzemianu sodu (Na4SiO4), aby uzyskać stosunek atomowy Si/Fe wynoszący 1,0, 2,7, 5,0 lub 10. Dodano wodę w celu uzyskania stosunku goetytu do wody wynoszącego 1 g/100 mL, a pH mieszaniny dostosowano do 10,0, 11,0, 12,0 lub 14,0 za pomocą roztworu HNO3 lub NaOH. Mieszanina była podgrzewana do 100°C przez 24 h w skraplaczu refluksowym. Następnie mieszanina jest myta, odwirowywana i suszona w temperaturze 40°C przez 24 h. Do 0,6 g wysuszonej próbki, o odpowiednim stężeniu Na2O. W kolbach polietylenowych dodawano roztwory Al2O3, 3H2O i NaOH w celu uzyskania stosunku Si/Al równego 0,963 i stosunku Si/Na równego 0,304. Do mieszaniny dodawano wodę w stosunku 1 g/50 mL i starzono ją w temperaturze 20°C przez 24 h. Następnie ogrzewano ją przez 24 h w temperaturze 100°C, schładzano, płukano i suszono przez 24 h w temperaturze 40°C. Produktem końcowym był nanokompozyt LTA-goetyt i udało się zaadsorbować fosforan 1,6-krotnie większy od mieszaniny LTA i goetytu. Optymalne warunki były przy pH 10 i stosunku Si/Fe wynoszącym 2,7.

Anuwattana i Khumongkol (2009) zsyntetyzowali zeolit A z dwóch odpadów przemysłowych: stałego produktu ubocznego żużla żeliwiakowego i szlamu aluminiowego z zakładu galwanizacji aluminium dwiema metodami, metodą stapiania alkalicznego i hydrotermiczną. Mielony żużel żeliwny namagnesowany w celu wyeliminowania cząstek magnetycznych. Proszek był mieszany z mieszaniną 3M HCl w proporcji 1:1 (v/v) w celu usunięcia Ca, a następnie mieszany z 4M H2SO4 w temperaturze 60°C przez 1,5 godziny w celu usunięcia Fe, przy czym stosunek masy żużla żeliwiakowego do roztworu kwasu wynosił dwa. Faza stała została oddzielona od roztworu kwasu przez filtrację próżniową i przepłukana wodą dejonizowaną do pH 6-7. Umyte ciało stałe poddane działaniu kwasu było suszone w temperaturze 105oC przez 24 godziny, a następnie kalcynowane w temperaturze 300oC przez 3 godziny w celu usunięcia substancji organicznych. Ciało stałe zostało schłodzone i przechowywane w eksykatorze nad suchym żelem krzemionkowym. Osad aluminiowy był oczyszczany przez wytrawianie 0,005 M kwasem siarkowym przez 10 minut w celu usunięcia kurzu, popiołu i zanieczyszczeń, a następnie oddzielany za pomocą filtracji próżniowej, myty wodą dejonizowaną i suszony w temperaturze 105oC, a następnie przechowywany w eksykatorze. Al2O3 dodano do mieszaniny reakcyjnej w celu uzyskania pożądanego stosunku SiO2/Al2O3 (1:1). Obrobiony kwasem żużel żeliwiakowy (jako źródło krzemu), oczyszczony szlam aluminiowy (jako źródło aluminium) oraz NaOH klasy handlowej zostały zmieszane w stosunku wagowym 1:1:3, a następnie stopione w temperaturze 700°C na 1 godzinę, sproszkowane i przechowywane w szczelnie zamkniętych plastikowych butelkach. Stopiony prekursor został dodany do roztworu 3M NaOH, mieszał przez 10 minut i przeniesiony do autoklawu ze stali nierdzewnej z powłoką teflonową i podgrzewany w temperaturze 90°C przez 1-9 godzin. Stosunek H2O/SiO2 kształtował się na poziomie 2,36, 4,17, 5,07, 5,46, 7,88, 35,47 i 70,94. Produkt stały usuwano w określonym czasie, schładzano w zimnej wodzie, filtrowano, płukano do pH 7 i suszono przez 24 godziny. Stwierdzono, że Zeolit Na-A został otrzymany metodą fuzji. Stwierdzili oni również, że wyższy stosunek H2O/SiO2 zwiększa szybkość reakcji, przy czym najwyższy plon Na-A wynosił 4,17 przy stosunku H2O/SiO2. Wydajność zeolitu Na-A gwałtownie spadła, gdy stosunek H2O/SiO2 osiągnął 5,45. Stwierdzono, że w temperaturze 90°C krystaliczność Zeolitu Na-A osiągnęła optymalną wartość (64%) w 3 godzinnym czasie reakcji. Nie otrzymano zeolitu Na-A przy zastosowaniu konwencjonalnego leczenia hydrotermicznego z powodu niewystarczającego rozpuszczenia Al do utworzenia zeolitu A.

Katsuki *et al.* (2009) przygotowała Na-A i/lub Na-X w warunkach hydrotermicznych poprzez rozpuszczenie krzemionki z karbonizowanej łuski ryżu, a następnie dodanie NaAlO2 (glinianu sodu) i krystalizację in situ w temperaturze 90°C przez 2-6 godzin (tj. metody dwuetapowe). Syntezę Zeolitu Na-A prowadzono przy użyciu stosunków molowych SiO2/Al2O3 = 2, H2O/Na2O = 40 i Na2O/SiO2 = 2,7. W metodzie jednoetapowej mieszanina zwęglonej łuski ryżowej, NaOH, glinianu sodu i wody dejonizowanej została dokładnie wymieszana i poddana obróbce w temperaturze 90°C przez 2-6 h w stali nierdzewnej pokrytej teflonem bez mieszania. Przy zastosowaniu jednoetapowego procesu, zarówno zeolity Na-A jak i Na-X skrystalizowały się na powierzchni węgla. Na-A zeolit może być produkowany przy użyciu dwustopniowych metod. Na-X zeolit produkowano dwustopniowo, stosując stosunek molowy SiO2/Al2O3 = 1,9, H2O/Na2O = 33, a Na2O/SiO2 = 3,3. Stwierdzono, że powierzchnia i zdolność wymiany kationowej (CEC) Na-A/węgiel porowaty NH4+ wynoszą odpowiednio 171 m2/g i 506 meq/100 g. Doszli oni do wniosku, że zeolit A wytwarzany był przy zastosowaniu metod dwustopniowych, a mieszanina zeolitu A i X wytwarzana była przy zastosowaniu metody jednostopniowej.

Tanaka *i in.* (2009) produkowali czystą formę zeolitów Na-A i Na-X z popiołów lotnych w dwustopniowych procesach. Pierwszym etapem była obróbka wstępna popiołu lotnego, a drugim - proces starzenia. Na etapie obróbki wstępnej do polipropylenowego naczynia dodano 6,0 g popiołu lotnego i 2,2 mol/dm3 roztworów NaOH (300 ml). Zawieszenie zostało wymieszane za pomocą silnika o dużej prędkości obrotowej z drążkiem ze stali nierdzewnej pokrytej teflonem i ostrzami. Obróbkę wstępną wykonywano w temperaturze 85°C przez 18 godzin przy 0-600 obr/min. Po obróbce wstępnej pozostałości popiołu lotnego zostały odfiltrowane i natychmiast dodano wodny roztwór NaAlO2 (20 ml) do przygotowanego wstępnie roztworu w celu kontrolowania stosunku molowego SiO2/Al2O3 w zakresie od 0,5 do 4,5. Potem starzał się w 85oC przez 24 godziny bez mieszania. Osad został odfiltrowany, wypłukany wodą dejonizowaną i wysuszony w temperaturze 50oC przez 24 godziny w konwencjonalnym piecu powietrznym. Po starzeniu się, w całym stosunku molowym SiO2/Al2O3 generowane były białe osady. W stosunku 0,5 materiał zidentyfikowano jako Na-A zeolit ze śladową ilością sodalitu. Pojedynczą fazę Na-A otrzymano w stosunku molowym 1,0. Na-X pojawił się przy stosunku molowym $\geq$ 2,0. Przy stosunku molowym 4,3 powstała jednofazowa Na-X.

Mohammed *et al.* (2009) syntezował zeolity w procesie zol-żel z różnych źródeł krzemionki i aluminium. Źródłem korundu były: korund, siarczan glinu (Al2(SO4)$_3$,6H2O), glinian sodu (NaAlO2) i wodorotlenek glinu. Źródłem krzemionki była krzemionka zmatowiona (99,8% mas.), krzemionka koloidalna (30% mas.) metasilian sodu (Na2SiO3,nH2O) (46% mas.) oraz tetraetyloortokrzemian (TEOS) (98% mas.). Źródła krzemionki i aluminium zostały rozpuszczone w oddzielnych roztworach NaOH, dając stosunek molowy 2:1 SiO2/NaOH i 2:1 Al2O3/NaOH. Te mieszanki były mieszane przez 30 minut. Objętość mieszaniny krzemionki połączono z półobjętością mieszaniny aluminium i mieszano przez 1 godzinę, tworząc kremowy żel. Żel został przeniesiony do autoklawu i ogrzewany przez 4 dni w temperaturze 110°C. Generalnie, wartości parametrów wynosiły: stosunek molowy Si/Al = 2, stosunek molowy H2O/SiO2 = 150, stosunek molowy Na2O/SiO2 = 1,15, temperatura krystalizacji = 110°C, a czas krystalizacji wynosił 4 dni. Otrzymany materiał odwirowywano i płukano wodą do momentu obniżenia pH z 13 do 10. Następnie materiał został wysuszony w temperaturze 110°C w ciągu nocy. Stwierdzono, że zeolit powstaje tylko wtedy, gdy źródłem aluminium jest glinian sodu, a źródłem krzemionki jest krzemionka zmatowiona, krzemionka koloidalna lub metakrzemian sodu. Ich ustalenia wykazały, że typ produkowanego zeolitu to 4A, sześcienne kryształy o płaskich powierzchniach i dobrze zdefiniowanych krawędziach. Wytworzony zeolit 4A dawał lepsze wchłanianie metali ciężkich niż amorficzne lub niezeolitowe materiały krystaliczne. Wynikało to z większej pojemności wymiany jonowej i większej powierzchni właściwej BET - 445 m2/g oraz objętości porów - 0,141 cm3/g.

Diaz *i wsp.* (2010) zsyntetyzowali sito molekularne typu A i wykorzystali je do oddzielania mieszaniny etanolu z wodą. W doświadczeniu źródłem glinu był glinian sodu, źródłem krzemu był krzemian sodu, a promotorem - wodorotlenek sodu. Podali, że sugerowany zakres temperatury reakcji mieści się w przedziale od 80°C do 100°C, a sugerowany czas reakcji wynosi od 1 do 6 godzin. W ich pracach stosowana temperatura wynosiła 100°C przy 0,73 atm, a czas reakcji wynosił 2, 3 i 5 godzin. Wyprodukowany zeolit był filtrowany, myty i suszony w temperaturze 70°C przez 12 godzin. Charakterystyki sit molekularnych zostały przeprowadzone przy użyciu dyfrakcji rentgenowskiej, izotermy adsorpcyjnej i SEM. Stwierdzili oni, że zeolit A mógł być produkowany przy użyciu następującego preparatu: SiO2: Al2O3 = 2:1, NaOH: Al2O3 = 0,25 i H2O: Al2O3 = 32,45 przy sugerowanej temperaturze reakcji 80-100°C i czasie starzenia 1-6 godzin. Łączna powierzchnia oceniana przez BET wynosiła 365 m2/g. Reprezentatywna powierzchnia mikroporów obliczona według działki t wynosi 201 m2/g. Rozmieszczenie porów wykazało, że zsyntetyzowana próbka zeolitu A składała się głównie z porów o średnicy 4 Å.

Ismail *et al.* (2010) zsyntetyzowany zeolit A z wytrawionej krzemionki i prekursora glinianu sodu. Parametry syntezy takie jak stosunek molowy Si/Al (1:1, 1,5:1, 1,75:1 i 2:1), stosunek molowy Na2O/SiO2 (0,5:1, 0,75:1, 1,15:1 i 1.5:1), stosunek molowy H2O/SiO2 (100:1, 150:1, 200:1 i 250:1), temperaturę krystalizacji (70, 90, 110, 130 i 150 °C) oraz czas krystalizacji (1, 2, 4 i 6 dni). Zmatowioną krzemionkę i glinian sodu rozpuszczono w oddzielnym roztworze NaOH w stosunku molowym 2:1 SiO2/NaOH (roztwór 1) i 2:1 Al2O3/NaOH (roztwór 2). Te mieszanki były mieszane przez 30 minut. Objętość roztworu 1 połączono z półobjętością roztworu 2 (stosunek Si/Al 2:1) i mieszano przez 1 godzinę w celu uzyskania kremowego żelu. Żel został przeniesiony do autoklawu i ogrzewany przez 4 dni w temperaturze 110°C. Otrzymany materiał odwirowywano i płukano wodą do momentu obniżenia pH z 13 do 10. Wyprodukowane materiały były suszone przez noc w temperaturze 110°C. Stwierdzono, że optymalne warunki do syntezy zeolitu A to stosunek molowy SiO2:Al2O3:H2O:Na2O wynoszący 1:0,83:150:1,15 przy 110°C i 4-dniowym czasie krystalizacji w temperaturze krystalizacji poniżej 130°C. W temperaturze krystalizacji 150°C otrzymano mieszaninę zeolitu A i P. Uzyskana powierzchnia właściwa wynosiła 497 m2/g przy objętości porów 0,16 cm3/g. Zdjęcia SEM i dyfraktogramy XRD wykazały, że wytworzony zeolit był zeolitem A.

Rios *i in.* (2010), synteza zeolitu LTA z metakaolinitu przy użyciu konwencjonalnej syntezy hydrotermicznej, a następnie reakcja hydrotermiczna. W metodzie konwencjonalnej do wody destylowanej w zlewkach reakcyjnych z tworzywa sztucznego dodawano obliczoną ilość granulek NaOH w celu przygotowania roztworów NaOH z dodatkiem metakaolinitu. W celu zwiększenia stosunku Si/Al, w niektórych próbkach dodano wytrącony SiO2. Dodawanie odczynników odbywało się w warunkach mieszania do momentu ich rozpuszczenia. W drugiej metakaolinit został zmieszany na sucho z proszkiem NaOH i stopiony w temperaturze 600°C przez 1 godzinę. Stopiony produkt był mielony, a wyliczoną ilość dodawano do wody destylowanej w warunkach mieszania. Krystalizację dla obu metod przeprowadzono metodą hydrotermicznej syntezy w warunkach statycznych w naczyniach z PTFE (65 ml) w temperaturze 100°C i w autoklawach ze stali nierdzewnej wyłożonej teflonem (20 ml) w temperaturze 200°C przez kilka reakcji. Następnie mieszaniny reakcyjne były filtrowane i płukane do momentu, gdy pH przesączu stało się neutralne. Następnie próbki były suszone w temperaturze 80°C przez noc. Klasyczna metoda hydrotermiczna wytworzyła mieszaninę o różnej strukturze zeolitu, podczas gdy metoda fuzji alkalicznej sprzyjała krystalizacji czystego zeolitu LTA. W metodzie syntezy skład hydrożeli z powodzeniem produkujących zeolit LTA wynosił 3,3 Na2O: Al2O3:2 SiO2:130,7 H2O. Czas starzenia się wynosi 5,5 godziny z mieszaniem. Reakcja hydrotermiczna przebiegała w temperaturze 60°C przez 1-3 dni. Dla metody konwencjonalnej składem hydrożeli z powodzeniem produkujących czysty zeolit LTA był Na2O: Al2O3: 2,3SiO2: 84,2 H2O. Reakcja hydrotermiczna przebiegała w temperaturze 100°C przez 1-4 dni.

Chareonpanich *i in.* (2011) zsyntetyzował zeolit A z subbitumicznych popiołów lotnych z węgla i popiołów paleniskowych z przemysłu papierniczego. Popiół lotny i popiół denny zostały zmielone i przesiane do wielkości cząstek mniejszych niż 200 mesh (średnia wielkość cząstek < 0,074 mm) i przed użyciem przechowywane w eksykatorze. Do syntezy zeolitu A zastosowano konwencjonalną syntezę bezpośrednią oraz zmodyfikowane metody syntezy pośredniej. W konwencjonalnej metodzie syntezy bezpośredniej zmieszano popiół lotny o masie 34,93 g z 0,723 g NaOH w 80 ml wody destylowanej, uzyskując optymalną wartość pH syntezy 11. Następnie mieszaninę przeniesiono do autoklawu wyłożonego teflonem i ogrzewano hydrotermicznie w temp. 120°C przez 4 godziny. Produkt stały został umyty wodą destylowaną i suszony w piecu w temperaturze 100°C przez 12 godzin. Następnie produkt został poddany analizie XRD w celu zidentyfikowania struktury krystalicznej. Warunki pracy były zróżnicowane: okres syntezy 4-8 h, temperatura obróbki hydrotermicznej 100-160°C, ilość NaOH 0,723-10,845 g. W metodach syntezy pośredniej usunięto zanieczyszczenia tlenkami metali głównie Fe2O3, CaO i MgO na skutek zakłóceń w syntezie zeolitów. Fe2O3 został usunięty przede wszystkim przez separację magnetyczną. Pozostałe tlenki metali zostały usunięte przez refluksowanie popiołu lotnego roztworem 3M kwasu solnego (9 g wolnego rumianku popiołu lotnego/120 ml roztworu HCl) w temperaturze 100 °C przez 6 godzin. Następnie produkt stały (97,7% krzemionki) poddano reakcji z węglanem sodu w celu utworzenia krzemianu sodu w temperaturze 900°C przez 1 h przy zastosowaniu stosunku molowego 1:1. Krzemian sodu został rozpuszczony w wodzie destylowanej w celu otrzymania roztworu krzemianu sodu (21% mas SiO2). Pewną ilość glinianu sodu dodawano powoli do roztworu krzemianu sodu, a następnie powoli mieszano w temperaturze 40°C w łaźni wodnej utrzymującej pH na poziomie 4. Mieszaninę poddano obróbce hydrotermicznej w autoklawie z teflonową powłoką w temperaturze 120°C przez 4 h. Ciało stałe płukano wodą destylowaną, suszono w powietrzu w temperaturze 100°C przez 12 h, a następnie kalcynowano w temperaturze 540°C w warunkach atmosferycznych przez 6 h. Stwierdzono, że oktahydrat sodalitu powstaje selektywnie w wyniku syntezy konwencjonalnej, natomiast metodą dwustopniową z popiołu lotnego i popiołu dennego można uzyskać odpowiednio 94% mas. i 72% mas. zeolitu A.

Musyoka *i wsp.* (2012) przygotowali zeolit A z prekursorów popiołu lotnego z węgla. Tworzenie syntezy zeolitu A było monitorowane przy użyciu systemu ultradźwiękowego in situ i uzupełniane technikami ex situ, takimi jak XRD, FTIR i SEM. Popiół lotny był topiony z wodorotlenkiem sodu w stosunku 1:2 w temperaturze 550°C przez 1,5 godz. w celu przekształcenia nierozpuszczalnej fazy mineralnej w rozpuszczalną fazę glinianu sodu. Otrzymany materiał stały został schłodzony i rozpuszczony w wodzie zdemineralizowanej w stosunku 1:5 i mieszany przez 2 h. Stosunek molowy roztworu wynosił 1 Al2O3: 31 Na2O: 4 SiO2 : 415 H2O. Fazy stała i ciekła zawiesiny zostały oddzielone przez filtrację po odwirowaniu. Klarowny roztwór (78 ml) został użyty jako źródło Al i Si podczas starzenia i syntezy hydrotermicznej. W innym przebiegu eksperymentalnym, jako prekursora użyto również nierozłączonej zawiesiny popiołu lotnego. W celu uzyskania określonego składu molowego dodano dodatkowy roztwór glinianu. Roztwór glinianu (28 ml) przygotowano poprzez zmieszanie w 28 ml wody 1,38 g handlowego roztworu stałego glinianu sodu i 2,78 g wodorotlenku sodu. Otrzymane mieszaniny zostały przeniesione do szklanego pojemnika do monitorowania ultradźwiękowego in situ. Aby zbadać efekt starzenia, mieszaniny starzono przez 360 min (6 h), 720 min (12 h) i 1050 min (17,5 h) w temperaturze pokojowej. Krystalizację prowadzono w temperaturze 80°C przez 360 min. z prędkością grzania 0,5°C/min. Odkryli, że zeolit A pojawił się po 3,7 godziny.

Purnomo *i wsp.* (2012) zsyntetyzowali czysty Zeolit Na-X i Na-A z popiołu lotnego z trzciny cukrowej (BFA), stały odpad z przemysłu trzciny cukrowej. W swoich badaniach drobny popiół lotny z bagazu został poddany ekstrakcji krzemianowej metodą fuzji NaOH w celu uzyskania roztworu krzemianu sodu. Dziesięć gramów drobnej frakcji (wielkości cząstek poniżej 0,710 mm) zmieszano z proszkiem NaOH w stosunku wagowym 1:1,2 (BFA:NaOH) i ogrzewano do 500°C przez 1 godzinę. Stopiona masa została schłodzona do temperatury pokojowej i zmielona na kilka minut. Roztopiony proszek był mieszany z wodą dejonizowaną w stosunku wagowym 1:5 (masa roztapiana: woda dejonizowana) i starzony przez 2 godziny z mieszaniem w temperaturze pokojowej. Następnie zawiesina została przefiltrowana w celu usunięcia stałych pozostałości, aby uzyskać klarowny supernatant. Dla większości preparatów zeolitowych, 9 g supernatantu wysokiej krzemionki zmieszano z 6 ml zdejonizowanej wody. Rozcieńczony supernatant wymieszać kroplowo z roztworem glinianu sodu (z roztworu 0,33 lub 0,60 g glinianu sodu w proszku do 6 ml zdejonizowanej wody), aby przygotować mieszaninę reakcyjną o stosunku molowym Si/Al wynoszącym odpowiednio 1,8 lub 1,0. Po 60 minutach mieszania, obróbka hydrotermiczna została przeprowadzona w pojemniku ze stali nierdzewnej linii PTFE w temperaturze 90 lub 120°C. Następnie produkt był filtrowany, myty i suszony. Stwierdzono, że zeolit Na-A i Na-P pojawił się, gdy stosunek Si/Al >1,8. Przy stosunku Si/Al wynoszącym 1,0-1,8 pojawiła się mieszanka zeolitu A i X. Kiedy stosunek Si/Al był < 1,0, produkowano tylko zeolit Na-A. Stwierdzono również, że Na-A został całkowicie skrystalizowany w ciągu 5 godzin, a wydłużony czas krystalizacji zwiększa rozmiar kryształu przy zachowaniu fazy krystalicznej.

Jiang *i wsp.* (2012) dokonali syntezy zeolitu A z pałygorskitu (PAL), naturalnego minerału zawierającego krzem, metodą aktywacji kwasowej, po której następuje hydrotermiczna obróbka. Badano takie parametry jak stężenie kwasu, czas krystalizacji, stosunek molowy SiO2/Al2O3. W typowym zabiegu 5 g PAL namoczono w roztworze HCl (1, 2 i 3 mol/l) w temperaturze 80°C przez 48 h. Stosunek masy stałej do cieczy wynosił 5 g/20 mL. Następnie został przefiltrowany i wypłukany do pH 7, a następnie wysuszony w 100°C w ciągu nocy. Suchy PAL poddany działaniu kwasu mieszano z roztworami NaOH (20 mL, 5 mol/l) i NaAl2O (3,12 g w 20 g H2O) pod wpływem mieszania magnetycznego. Następnie mieszanina została przeniesiona do autoklawu ze stali nierdzewnej z powłoką teflonową i podgrzewana w piecu w temperaturze 80°C przez 1-24 h. Po obróbce hydrotermicznej produkt został odfiltrowany, wypłukany wodą dejonizowaną i wysuszony w 100°C przez noc. Stwierdzono, że przy niskim stężeniu HCl (1 mol/l), lub krótkim czasie krystalizacji (1 h), zsyntetyzowano sodalit o niskiej zdolności wiązania wapnia. Przy wysokim stężeniu HCl (3 mol/l) i odpowiednim czasie krystalizacji (5 h) zeolit A wytwarzany był w szerokim zakresie stosunków molowych SiO2/Al2O3 (1,53-3,05).

Rios *i wsp.* (2012) przetwarza kaolin i obsydian, szkło wulkaniczne, na zeolit Na-A i Na-X metodą fuzji, po której następuje leczenie hydrotermiczne. W metodzie tej 6,2 g surowca zmieszano z 7,44 g sproszkowanego NaOH (stosunek wagowy 1/1,2) przez 30 min. Mieszanina była topiona w temperaturze 600°C przez 1 godzinę. Wytopiony produkt był mielony w moździerzu, a 4,4 g zmielonej mieszanki rozpuszczono w 21,50 ml wody destylowanej w warunkach mieszania, tworząc amorficzne prekursory. Później hydrożele starzono w warunkach statycznych przez 24 godziny, a następnie krystalizowano w butelce z PTFE podgrzewanej w temperaturze 100°C przez 24, 48 i 96 godzin. Wyniki wykazały, że syntezowanym produktem był zeolit Na-A i Na-X wytworzony odpowiednio z kaolinu i obsydianu. Stwierdzili, że najlepszy czas krystalizacji to 24 godziny dla kaolinu i 96 godzin dla obsydianu.

Vaiciukyniene *i wsp.* (2015) syntetyzowany zeolit NaA z produktu ubocznego krzemionki (odpady produkcyjne AlF3) w obecności 20 kHz ultradźwięków w temperaturze pokojowej. NaOH, $Al(OH)_3$, H2O i produkt uboczny krzemionki zmieszano według stosunku molowego Na2O:SiO2:Al2O3:H2O = 2:2:1:10. Mieszanki (po 24 godzinach starzenia się lub bez starzenia) były napromieniowywane falami ultradźwiękowymi przez 5, 10, 20 i 30 minut. Po ultrasonizacji lub obróbce hydrotermicznej produkt był filtrowany, myty i suszony w temperaturze 100°C. Stwierdzono, że zeolit A zaczął się tworzyć po 15 minutowym czasie ultrasonizacji. W ciągu 20 minut, część zeolitu A została przekształcona w hydrosodalit.

Volli i Purkait (2015) wykorzystali popioły lotne do syntezy zeolitów X i A. Zeolity te zostały wykorzystane jako katalizator do transestryfikacji oleju gorczycowego do biodiesla. Do syntezy zeolitów zastosowano fuzję alkaliów, a następnie obróbkę hydrotermiczną. W ich pracy popiół lotny był kalcynowany w temperaturze 900°C przez dwie godziny w celu usunięcia niespalonego węgla i materiału. Kalcynowany popiół lotny został poddany działaniu 10% kwasu solnego w temperaturze 80°C przez 1 godzinę w celu zwiększenia jego aktywności. NaOH i popiół lotny zostały dokładnie wymieszane w stosunku 1:1-1:2,5 i stopione w temperaturze 450-600°C na około 1-2 godziny. Stopiony produkt był mielony i mieszany z wodą w stosunku 1:10 (popiół lotny do wody). Dodano glinian sodu, aby dostosować stosunek Si/Al. Starzenie odbywało się w czasie 12-16 godzin, a następnie krystalizacja w temperaturze 90°C-120°C przez 24 godziny. Stwierdzono, że przy stosunku popiołu lotnego do NaOH wynoszącym 1, powstała mieszanina zeolitu A i X. Jednofazowy zeolit X powstał, gdy stosunek popiołu lotnego do NaOH wynosił 1:2, a hiroksysodalit zaczął się tworzyć w stosunku 1:2,5. Stwierdzili oni również, że minimalny czas syntezy do wytworzenia zeolitu X wynosił co najmniej 1 godzinę, a minimalna krystalizacja wynosiła co najmniej 12 godzin. Wyniki pokazały również, że minimalna temperatura syntezy wynosi co najmniej 500°C (zalecano 550°C).

Ayele *i wsp.* (2015) zsyntetyzowali zeolit A z naturalnego kaolinu z Etiopii. Oczyszczanie surowego kaolinu odbywało się poprzez sedymentację w celu usunięcia kwarcu, ultrasonizację oraz separację magnetyczną w celu usunięcia żelaza. Oczyszczony kaolin był przetwarzany na metakolinę w temperaturze 600°C przez 3 godziny. NaOH w różnym stężeniu został zmieszany z metakaoliną. Mieszaninę mieszano w temperaturze pokojowej przez 10 minut i pozostawiono bez mieszania na 1, 3, 6, 12 i 24 godziny. Następnie mieszaninę ponownie mieszano w temperaturze 50°C przez 1 godzinę i pozostawiono bez mieszania na 1, 3, 6, 12 i 24 godziny. Zabieg hydrotermiczny przeprowadzono w temperaturze 100°C w celu zamiany żelu na zeolit A w czasie 0,5, 1,5, 2,0, 3 i 6 godzin. Stwierdzono, że najlepsze warunki do produkcji zeolitu A były w stężeniu 3 M NaOH, warunki do tworzenia żelu w temperaturze 50°C przez 1 godzinę, czas starzenia się żelu przez 3 godziny i czas krystalizacji przez 3 godziny.

Su *i wsp.* (2016) badali syntezę zeolitu A z formy K-feldspar. Skaleń K został rozłożony za pomocą roztworu KOH w temperaturze 280°C, a następnie rozpuszczony w roztworze H2SO4 w celu wytworzenia glinokrzemianu o wysokiej aktywności. Glinokrzemian dodawany był do 3 M NaOH w stosunku 1:10 z mieszaniem przez 15 minut. Następnie mieszanka była krystalizowana w autoklawie ze stali nierdzewnej pokrytej teflonem przez kilka ustalonych godzin. Otrzymany produkt był zeolitem A. Stwierdzono, że optymalny czas krystalizacji do wytworzenia zeolitu A wynosił 3 godziny. Po 4 godzinach pojawiły się sodality hydroksylowe, a po 8 godzinach większość zeolitu A została przekształcona w bardziej stabilną fazę, sodalit hydroksylowy.

Esmaeli i Saremnia (2016) wyprodukowali zeolit A z łuski jęczmienia i wykorzystali go do rozdzielenia całkowitej ilości węglowodorów ropopochodnych (TPH) w ściekach rafineryjnych. W ich pracy popiół jęczmienny był przygotowywany przez płukanie jęczarni w 1 M kwasie HCl i spopielanie w piecu w 700°C przez 6 godzin. Krzemionka została wyekstrahowana z popiołu przez zmieszanie z NaOH i refluksowana w temperaturze 90°C. Następnie mieszaninę przefiltrowano i przygotowano roztwór, dodając 7,79 g NaOH do 2 kretów wody. Następnie do połowy roztworu NaOH dodano ilość 1,26 g żelu krzemionkowego. Glinian sodu został przygotowany poprzez zmieszanie 13,6 g korundu z połową roztworu NaOH. Roztwór krzemianu dodawano powoli do roztworu glinianu, mieszając, aby uzyskać wyraźny żel. Krystalizację prowadzono w reaktorze polipropylenowym w temperaturze 25°C przy 250 obr/min. Wyniki ich eksperymentów wykazały, że stosunek Na2O:SiO2 wpływa na rodzaj utworzonego zeolitu. Stosunek 0,9-6,0 wytwarzał zeolit A w ciągu 3 dni, stosunek 6,0-9,0 zamieniał fazę Na-A na Na-P, a stosunek 6,0-8,0 wytwarzał sodalit po 8 dniach. Stwierdzono również, że produkt został w pełni skrystalizowany po 3 dniach. Zsyntetyzowany zeolit A był w stanie oczyszczać ścieki rafineryjne z ponad 87% usuwanym TPH.

Ojumu *i in.* (2016) zsyntetyzowali zeolit A z popiołów lotnych z węgla za pomocą ultrasonizacji bez etapu syntezy. Popiół lotny, 20 g, został zmieszany z NaOH 5 M. Mieszaninę sonikowano w maksymalnej amplitudzie za pomocą 600 W sonikatora MISONIX S-4000 przez 10 minut. Roztwór został przefiltrowany, a stosunek Si/Al został skorygowany przez dodanie glinianu sodu i krzemianu sodu. Obróbka hydrotermiczna była przeprowadzana w piecu w temperaturze 100°C przez 2 godziny. W celu zbadania wpływu temperatury i czasu leczenia hydrotermicznego, temperaturę obniżano do 80°C i 90°C, a dla każdej z nich czas ten wahał się od 1,5 do 6 godzin. Wyniki wykazały, że optymalnym warunkiem do wytworzenia zeolitu A była jego sonizacja przez 10 minut, a następnie krystalizacja w temperaturze 90°C przez 2 godziny. Hydroksylo sodalit zaczął się pojawiać w godzinie 3.

Przegląd dotyczący stosowania zeolitów do uzdatniania wody można znaleźć w Koshy i Singh (2016).

2.5 Charakterystyka zeolitu i materiałów podobnych do zeolitu

Powszechnie stosowanymi rodzajami zeolitu syntezowanego z gliny i popiołu lotnego były zeolit A (Rios *i in.* , 2009; Ismail *i in.* , 2010; Cho *i in.* , 2011; Loiola *i in.* , 2012; oraz Rondon *i in.* , *2013*; Prokof'ev i in. , 2013), zeolit

X (Shigemoto i Miyaura, 1993; Yusof *i in.* , 2010; Belfiso *i in.* , 2010; Inayat *i in.* 2012 i Moneim & Ahmed, 2015), zeolit Y (Yusof i in. , 2010 i Tavasoli i in. , 2014), zeolit P (Novembre i in. , 2011 i Tavasoli i in. , 2014), hydroksysodalit (Belfiso i in. , 2010 i Novembre i in. *2011*) oraz zeolit ZSM-5 (Belviso i in. , 2010 i Perea i *in.* , 2015). Najczęściej stosowanymi technikami charakteryzacji zeolitu są: analiza XRD, analiza SEM oraz pomiary powierzchni. Niektóre z powszechnych technik charakteryzacji zeolitu i materiału podobnego do zeolitu zostały przedstawione w kolejnych podrozdziałach.

2.5.1 Analiza XRD

Pomiar XRD został przeprowadzony w celu określenia rodzaju i fazy prezentowanej w adsorbencie. Źródło promieniowania jest zazwyczaj z CuKα i pracuje przy napięciu 3kV-40kV i natężeniu prądu 10 mA - 40 mA. Próbka jest zwykle skanowana pod kątem 2Θ od 3-50°, gdzie większość pików glinokrzemianowych leży w przedziale krokowym 0,01o -0,03o/min (Ismail *i in.* , 2010). Każda faza ma swój unikalny dyfraktogram. Ostre i wąskie piki XRD pokazują, że próbka jest z wysoce krystalicznego materiału. Różne fazy krystaliczne obecne w próbce są identyfikowane za pomocą wbudowanych w bazę danych maszyny plików takich jak Joint Committee on Powder Diffraction Standards (Ojhaet *al.* , 2004). Krystaliczność można obliczyć dzieląc sumę wysokości głównych pików nieznanego materiału przez sumę wysokości głównych pików materiału wzorcowego (którą przyjmuje się jako 100% skrystalizowaną), jak w równaniu 2,5 (Ojha *i in.* , 2004).

% Krytalityczność = (suma wysokości pików nieznanego materiału) × 100/(suma wysokości standardowego materiału) 2,5

Podsumowanie przeglądu literatury z zakresu RTG można znaleźć w tabeli 2.1.

Tabela 2.1 Podsumowanie przeglądu literatury dotyczącej analizy rentgenowskiej

Autor	Główny surowiec	Marka maszyny	Parametr maszyny	Ustalenia
Ojha *et al.* (2004)	Popiół lotny z węgla	Phillips BW 1710	4kV, 30mA, kąt skanowania = 10-50o	Zeolit typu X
Rios *et al.* (2009)	Kaolin	Phillips PW 1710	40 kV,40 mA, kąt skanowania = 3-50o, wielkość kroku = 0,02o	Szczyty krycynitowe: 18,98o, 21,70o, 27,34o, 31,90o Sodalitowy szczyt: 19.98o Zeolit LTA szczyty: 7,14o, 10,10o, 16,20o, 21,58o, 23,92o, 27,00o, 29,82o, 34,08o Szczyty kaolinitu: 12,34o, 24,64o
Foletto *et al.* (2009)	Łuska ryżowa	Shimadzu XD-7A	Niedostępne	Zeolit A
Fotovat *et al.* (2009)	Wysokokrzemowy popiół lotny	Phillips Analityczny	Niedostępne	Zeolit Na-A, Na-X, Na-Y
Kugbe *et al.* (2009)	Ortokrzemian sodu, glinian sodu	Rigaku Miniflex	30 kV, 10 mA, kąt skanowania = 4-45o, wielkość kroku = 0,01o	Zeolit LTA
Anuwattana i Khumongkol (2009)	Żużel kopułowy, szlam aluminiowy	Rigaku Ultima III	Niedostępne	Zeolit A
Katsuki *et al.* (2009)	Ryżowa łuska	PANalityka X'pert-MRD	Niedostępne	Zeolit Na-A, Na-X
Tanaka i Fuji (2009)	Popiół lotny	Rigaku	Niedostępne	Zeolit Na-A, Na-X, sodalit
Mohammed *et al.* (2009)	Krzemionka , aluminium	Phillips APD-3720	40 kV, 20 mA, kąt skanowania = 5 -50o	Zeolit 4A szczyty: 7,2o, 10,3o, 12,6o, 16,2o, 21,8o, 24o, 26,2o, 27,2o, 30o, 30,9o, 31,1o, 32,6o, 33,4o, 34,3o

Tabela 2.1C Kontynuowana

Autor	Główny surowiec	Marka maszyny	Parametr maszyny	Ustalenia
Ismail *et al.* (2010)	Krzemionka i glinian sodu	Phillips APD 3720	40 kV, 20 mA, kąt skanowania = 5-50o, prędkość obrotowa = 0,03o/min	Zeolit A, zeolit Y Zeolit A szczyty: 7,2o, 10,3o, 12,6o, 16,2o, 21,8o, 24,0o, 26,2o, 27,2o, 30o, 30,9o, 31,1o, 32,6o, 33,4o
Diaz *i in.* (2010)	Glinian sodu, krzemian sodu	Rigaku Miniflex	Kąt skanowania = 2-80o, wielkość kroku = 0,03-0,05o	Zeolit A
Rioset *al.* (2010)	Metakaolin	Phillips PW 1710	40kV, 40 mA, kąt skanowania = 3-50o, wielkość kroku = 0,02o	Zeolit LTA
Chareonpanich *i in.* (2011)	Popiół lotny, popiół denny	Niedostępne	Niedostępne	Zeolit A
Musyoka *et al.* (2012)	Popiół lotny z węgla	Phillip X-pert Pro MPD	Kąt skanowania = 4-60o	Zeolit A
Purnomo *et al.* (2012)	Popiół lotny z bagassy	Rigaku Multiflex	Niedostępne	Zeolit Na-A, Na-X
Jiang *et al.* (2012)	Pałygorskite	Bruker D8 Odkryj	40 kV, 40 mA	Zeolit A
Izidiro *et al.* (2012)	Popiół lotny	Bruker AXS D8	40 kV, 40 mA, kąt skanowania = 5-80o	Zeolit A, X

2.5.2 Analiza SEM

Pomiary SEM są przeprowadzane w celu uchwycenia morfologii próbek. Powszechnym typem zeolitu występującym w literaturze jest zeolit A, X, Y, P oraz zeolit ZSM-5. Typowy kształt kryształu zeolitu A jest sześcienny lub ścięty, jak pokazano na rysunku 2.1. Kształt kryształu zeolitu X jest ośmiościenny, jak pokazano na rysunku 2.2(a). Kształt kryształu zeolitu ZSM-5 ma kształt trumny, jak pokazano na rysunku 2.2(b). Obrazy SEM podają również wielkość lub wymiar uchwyconych kryształów. Podsumowanie przeglądu literatury SEM znajduje się w tabeli 2.2.

(a) (b)

(c)

Rysunek 2.1Typowe obrazy SEM (a) kryształu sześciennego zeolitu A (b) obciętego kryształu sześciennego zeolitu A (c) wielokrotnego bloku zeolitu A

Źródło: a) Ismail et al. , 2010; b) Cho et al. , 2011; c) Prokof'ev et al. , 2013

(a) (b)

Rysunek 2.2 Typowe zdjęcia FESEM a) zeolitu X , b) zeolitu ZSM-5 Źródło: a) Inayat i in., 2012 r. b) Perea i in., 2015 r.

Tabela 2.2 Podsumowanie przeglądu literatury dotyczącej analizy SEM

Autor	Główny surowiec	Marka maszyny	Parametr maszyny	Ustalenia
Rios *et al.* (2009)	Kaolin	Zeiss Evo 50 z EDXS	20000 kV, 100 μA	Zeolit A : kryształ sześcienny
Kugbe *et al.* (2009)	Ortokrzemian sodu, glinian sodu	HitachiHigh Technology S-800	20 kV	Zeolit LTA
Katsuki *et al.* (2009)	Ryżowa łuska	JEOL 6700FS	Niedostępne	Zeolit Na-A: kryształ sześcienny o fazowanej krawędzi Zeolit Na-X: ośmiościenny Wielkość kryształu: 1-4 mikrony
Tanaka i Fuji (2009)	Popiół lotny	Hitachi	Niedostępne	ZeolitNa-A: kryształ sześcienny Na-X: kryształ ośmiościenny
Musyoka *et al.* (2012)	Popiół lotny z węgla	Gemini	Niedostępne	Zeolit A: ostra krawędź i fazowana krawędź kryształu sześciennego
Purnomo *et al.* (2012)	Popiół lotny z bagassy	JEOL JSM-5310LV	Niedostępne	Zeolit Na-A: kryształ sześcienny Zeolit Na-X: kryształ ośmiościenny
Jiang *et al.* (2012)	Pałygorskite	Hitachi S-3000N	20 kV	Zeolit A : kryształ sześcienny o wielkości 2 mikronów
Izidiro *et al.* (2012)	Popiół lotny	Zeiss EVO 40 XVP	Niedostępne	Zeolit A: sześcienny crsytal Zeolit X: kryształ ośmiościenny

2.5.3 Pomiar powierzchni i porowatości

Pomiary powierzchni i porowatości przeprowadzono w celu określenia powierzchni (m2/g), objętości porów (m3/g) oraz średniej średnicy porów (Å). Powierzchnia właściwa i objętość właściwa próbek porowatych może być określona metodą Barreta, Joynera i Halendy (BJH) lub Brunauera, Emmeta i Tellera (BET). Podsumowanie przeglądu literatury dotyczącej pomiaru powierzchni i porowatości znajduje się w tabeli 2.3.

2.5.4 Analiza termograwimetryczna

Analiza termograwimetryczna (TGA) jest techniką, w której masa substancji jest monitorowana w funkcji temperatury lub czasu, ponieważ próbka jest poddawana programowi kontrolowanej temperatury. Innymi słowy, TGA mierzy masę próbki podczas jej podgrzewania lub schładzania w piecu. Pomiar ten może być wykorzystany do określenia stabilności termicznej próbki, parowania substancji lotnych, rozkładu próbki itp.

Fotovat *i in.* (2009) wykorzystali Toledo TGA/DSC 851e firmy Mettler do określenia stabilności wytwarzanego zeolitu. Próbki umieszczono w tyglach tlenku glinu pod wpływem przepływu powietrza syntetycznego, a temperaturę zwiększono z 20 do 800oC z prędkością 5oC/min. Analizy TGA wykazały 20-25% utratę masy podczas ogrzewania z temperatury pokojowej do 350oC, co było spowodowane odwodnieniem próbek. Niewielka zmiana masy podgrzanych próbek pomiędzy 350oC a 800oC odzwierciedlała wysoką stabilność termiczną produkowanego zeolitu.

Rios *i wsp.* (2010) wykorzystali Mettler Toledo TG 50 pod N2 o przepływie gazu 20 ml/min między temperaturą 25-700oC z prędkością 20oC/min do badania odwodnienia zsyntetyzowanego zeolitu. Dyfraktogram pokazał dwa stopnie odwodnienia. Stopień pomiędzy 39-52oC odpowiadał wodom powierzchniowym, a stopień pomiędzy 100-162oC odpowiadał wodom zeolitowym. Największa utrata masy ciała wyniosła 19,48%, co było porównywalne z komercyjnym zeolitem.

Tabela 2.3 Podsumowanie przeglądu literatury dotyczącej pomiaru powierzchni i porowatości

Autor	Główny surowiec	Marka maszyny	Parametr maszyny	Ustalenia
Ojha *i in.* (2009)	Kaolin	Mikromerityka Kwasochłonnik II	Metoda BET	Przykładowy obszar: 296 - 350 m2/g Komercyjny obszar specyficzny dla zeolitu: 478 m2/g
Fotovat *et al.* (2009)	Popiół lotny o wysokiej zawartości krzemu (High Silicon Fly Ash)	Belsorp Mini, Apollo Instrument	N2, 77K, Odgazowanie próżniowe w temperaturze 150oC przez 12 godzin, metoda BET	Próbka: A= 434,76 m2/g, V= 0,3615 cm3/g, średnia średnica = 3,3266 nm. Komercyjny: A= 720,11 m2/g, V= 0,3056 cm3/g, średnia średnica= 1,6976 nm
Katsuki *et al.* (2009)	Ryżowa łuska	Autosorb 1, Quantachrome	N2, BET i metoda BJH, odgazowane w temperaturze 200oC przez 2 godz. w temperaturze 6,7 Pa	Próbka zeolitu Na-A: 3 m2/g Zeolit handlowy Na-A = 8 m2/g
Mohamed *et al.* (2009)	Krzemionka, aluminium	Autosorb 1, Quantachrome	CO2, 273 K, odgazowany przy użyciu He w temp. 400oC przez 2 godziny, metoda BET	Zeolit 4A : 445 m2/g, 0,141 cm3/g
Ismail *et al.* (2010)	Krzemionka i glinian sodu	Autosorb 1, Quantachrome	CO2, 0oC, odgazowany przy użyciu He w 400oC przez 2 godz., Metoda BET	Zeolit 4A: 497 m2/g, 0,160 cm3/g

Diaz *i in.* (2010)	Glinian sodu, krzemian sodu	Autosorb 3b, Quantachrome	Metoda BET w P/Po = 0,05-0,35	Zeolit A : $_{Ogółem}$ = 365 m2/g, Ogółem = 0,56 cm3/g $_{Amicro}$ = 201 m2/g, Vmicro = 0,21 m3/g
Purnomo *et al.* (2012)	Popiół lotny z bagassy	Autosorb 1, Quantachrome	Niedostępne	Comm. Zeolit A: 8 m2/g, Próbka Zeo. A: 12 m2/g, Comm. Zeolit X: 720 m2/g, Próbka Zeo. X = 833 m2/g

2.5.5 Inne Techniki Charakterystyki: XRF, FTIR, IEC i inne analizy

Fluorescencja rentgenowska (XRF) jest nieniszczącą techniką analityczną stosowaną do określania składu pierwiastkowego materiałów. Analizatory XRF określają skład chemiczny próbki poprzez pomiar fluorescencyjnego promieniowania rentgenowskiego emitowanego z próbki, gdy jest ona wzbudzona przez pierwotne źródło promieniowania rentgenowskiego. Każdy z elementów obecnych w próbce wytwarza zestaw charakterystycznych fluorescencyjnych promieni rentgenowskich ("odcisk palca"), który jest unikalny dla tego konkretnego elementu. Analiza XRF jest szybką techniką, która wymaga minimalnego przygotowania próbki i może wykryć pierwiastki pomiędzy sodem a uranem w układzie okresowym. Inne popularne techniki, które mogą być wykorzystane do określenia składu pierwiastkowego materiałów, które są powolne i wymagają większego przygotowania próbki, to spektrometria absorpcji atomowej (AAS) i spektroskopia emisyjna plazmy sprzężonej indukcyjnie (ICP).

Spektroskopia w podczerwieni z transformacją Fouriera (FTIR) może być stosowana do identyfikacji i ilościowego określania związków w mieszaninie. W spektroskopii w podczerwieni promieniowanie podczerwone (IR) jest przepuszczane przez próbkę. Część promieniowania podczerwonego jest pochłaniana przez próbkę, a część z nich jest transmitowana. Otrzymane widmo reprezentuje molekularną absorpcję i transmisję, tworząc molekularny odcisk palca próbki. Jak odcisk palca, żadna z dwóch unikalnych struktur molekularnych nie wytwarza tego samego spektrum podczerwieni. Szczyty pochłaniania widma IR odpowiadają częstotliwościom drgań pomiędzy wiązaniami atomów tworzących materiał. Próbki mogą być tak małe jak 20μm, a spektrometr FTIR jest czuły na składniki, które są obecne w stężeniach większych niż około 3-5% całości.

Zdolność wymiany jonów (IEC) mierzy zdolność materiału nierozpuszczalnego do przemieszczania się jonów wcześniej dołączonych i luźno wbudowanych w jego strukturę przez przeciwstawnie naładowane jony obecne w otaczającym roztworze. Na przykład zeolit używany do zmiękczania wody, ma dużą zdolność do wymiany jonów sodu (Na+) na jony wapnia (Ca2+) twardej wody. Wysoka wartość IEC wskazuje na dobre właściwości materiału.

Podsumowanie przeglądu literatury w zakresie analiz XRF, FTIR, IEC i innych przedstawiono w tabeli 2.4.

Tabela 2.4 Podsumowanie przeglądu literatury na temat XRF, FTIR, IEC i innych analiz.

Autor	Analiza	Maszyna/metoda	Funkcja i/lub ustalenia
Ojha *et al.* (2004)	XRF	Niedostępne	W celu określenia składu luzem surowca.
	FTIR	Nicolet Magna seria II	W celu określenia cech strukturalnych i kwasowości.
Rios *et al.* (2009)	FTIR	Mattson Genesis II	Spectra wykazała niezwykłe zmiany w zakresie 1200 -400 cm-1.
Foletto *et al.* (2009)	AAS	Analityczne Jena Vario 6	W celu określenia składu chemicznego surowca.
	IEC	Próbka miała kontakt z octanem amonu, była płukana i kalcynowana oraz sprawdzana pod kątem uwalniania się amoniaku.	Próbki wykazały wysoką wartość wymiany kationowej, 5-6 meq/g
Fotovat *et al.* (2009)	XRF	Phillips 1404 XRF	W celu określenia składu luzem surowca.
	FTIR	Perkin Elmer System 2000 FTIR	Podobne widma IR komercyjnego i syntetycznego zeolitu.
	IEC	IEC oznaczono poprzez pomiar ilości Na+ po wymianie jonowej z roztworem azotanu kobaltu.	Wyniki IEC były porównywalne z komercyjnym zeolitem 13X.
Kugbe *et al.* (2009)	FTIR	Shimadzu FTIR 8300	Spectra zaproponowała włączenie goetytu do ciała LTA lub pokrycie goetytem przez LTA.
Anuwattana i Khumongkol *et al.* (2009)	XRF	APL 9400 XRF	W celu określenia składu chemicznego surowca (żużel kopułowy, szlam aluminiowy).

Tabela 2.4Kontynuowana

Autor	Analiza	Maszyna/metoda	Funkcja i/lub ustalenia
	ICP	Plazma PerkinElmer 100	Do określania składu żużlu kopułowego po trawieniu kwasem.
	IEC	Próbka miała kontakt z roztworem węglanu wapnia i była analizowana przy użyciu AAS.	Najwyższa uzyskana wydajność wymiany kationowej wynosiła 442,8 mg CaO/g.
Katsuki *et al.* (2009)	IEC	Próbki zrównano za pomocą octanu amonu i wymieniono jon NH4+ z Na+ w roztworze NaCl.	Zeolit X o wysokiej wartości IEC może być produkowany z ryżu metodą hydrotermiczną w temperaturze 90 ^{oC} przez 6 godzin.
Tanaka i Fujii (2009)	FTIR	Jasco FTIR	Do badania zmian struktury chemicznej.
	AAS	Niedostępne	Aby określić stężenie Fe3+.
	Metoda żółtej molibdenu	Niedostępne	Aby określić stężenie Si4+.
	Miareczkowanie chelatowe EDTA	Niedostępne	Aby określić stężenie Al3+.
Fotovat *et al.* (2009)	XRF	Phillips 1404 XRF	W celu określenia składu luzem surowca.
	FTIR	Perkin Elmer System 2000 FTIR	Podobne widma IR komercyjnego i syntetycznego zeolitu.
	IEC	IEC oznaczono poprzez pomiar ilości Na+ po wymianie jonowej z roztworem azotanu kobaltu.	Wyniki IEC były porównywalne z komercyjnym zeolitem 13X.

Tabela 2.4Kontynuowana

Autor	Analiza	Maszyna/metoda	Funkcja i/lub ustalenia

Tanaka i Fujii (2009)	FTIR	Jasco FTIR	Do badania zmian struktury chemicznej.
	AAS	Niedostępne	Aby określić stężenie Fe^{3+}.
	Metoda żółtej molibdenu	Niedostępne	Aby określić stężenie Si^{4+}.
	Miareczkowanie chelatowe EDTA	Niedostępne	Aby określić stężenie Al^{3+}.
Chareonpanich *i in.* (2010)	ICP	ICP-OES Plasma 1000	W celu określenia składu chemicznego produktu.
Musyoka *et al.* (2012)	FTIR	JASCO FTIR 4100	Pasmo podczerwieni Zeolitu A zaczęło się pojawiać po 220 minutach.
	ICP	Perkin Elmer ICP-AES	Do określania stężenia Al i Si w fazie ciekłej.
Purnomo *et al.* (2012)	FTIR	JASCO FTIR 6200	Dostarczenie informacji o strukturze chemicznej i grupie funkcyjnej w zeolitach.
	IEC	IEC oznaczono poprzez pomiar ilości Na^+ po wymianie jonowej z roztworem azotanu kobaltu.	IEC dla Na-A była wyższa niż Na-X.
Jiang *et al.* (2012)	XRF	ADVANTXP XRF	Analiza mineralogiczna palygorskitu.
	FTIR	Nicolet 5700	Widma pokazały istnienie zeolitu A.
	IEC	Próbka została zrównana z roztworem chlorku wapnia i poddana analizie metodą EDTA.	Najwyższą wartość IEC uzyskano przy 48-godzinnym czasie krystalizacji. Dłuższy czas krystalizacji nie poprawił IEC.

2.6 Etanol-woda Mieszanina azeotropów Rozdzielanie

Azeotrop istnieje, gdy para i ciecz mają ten sam skład. Rozdzielanie mieszanin azeotropowych przy zastosowaniu normalnej destylacji jest nieekonomiczne, ponieważ wymaga wysokiego współczynnika refluksu i bardzo dużej liczby etapów teoretycznych. Mieszanina etanolu z wodą tworzy azeotrop w składzie 95,6% etanolu i 4,4% wody w stosunku wagowym o temperaturze wrzenia 78,2°C pod ciśnieniem atmosferycznym. Obecnie do rozdzielania mieszanin azeotropowych stosuje się kilka ulepszonych technik rozdzielania opartych na destylacji, takich jak destylacja azeotropowa, destylacja ekstrakcyjna, huśtawka ciśnieniowa, perwaporacja membranowa i adsorpcja. Prawie wszystkie te techniki wymagają dodatkowych kolumn, a większość z nich wymaga trzeciego składnika, aby zmienić względną zmienność w celu przesunięcia punktu azeotropowego (Green i Maloney, 1997; Siti Kholijah Abdul Mudalip, 2007). Co więcej, prawie wszystkie trzecie składniki uważane są za niebezpieczne dla zdrowia, takie jak benzen, cykloheksan itp. (Iqbal i Ahmad, 2015).

Mieszanina azeotropowo-etanolowo-wodna może być oddzielona przy użyciu niejednorodnej techniki destylacji azeotropowej (Gomis *i in.* , 2015). Powszechnie stosowanym środkiem pomocniczym jest benzen i cykloheksan. W przypadku sekwencji trzykolumnowej, pierwsza kolumna była kolumną konwencjonalną używaną do wstępnego zagęszczania mieszaniny etanolu z wodą. Mieszanina azeotropowa wody etanolowo-wodna z górnej części pierwszej kolumny przechodzi do drugiej kolumny (kolumny azeotropowej). Niską temperaturę wrzenia entrainer podawano do kolumny azeotropowej, w której zmieniała ona względną lotność i wychodziła z wodą na górze i przechodziła do dekantera, w którym następowało rozdzielenie fazowe. Faza bogata w wodę przeszła do trzeciej kolumny w celu odzyskania entrainera. Fazę bogatą w substancje wejściowe wysłano do kolumny azeotropowej jako refluks. Czysty etanol pojawił się jako produkt z drugiej kolumny.

Na rysunku 2.3 pokazano proces produkcji czystego etanolu metodą azeotropowej destylacji heterogenicznej z zastosowaniem metody Keyesa. Benzen dodaje się do mieszaniny etanolu i wody, w wyniku czego powstaje niejednorodny trójskładnikowy azeotrop o minimalnej temperaturze wrzenia, zawierający 18,5% masy etanolu, 74,1% masy benzenu i 7,4% masy wody w 64,85oC. W skraplaczu trójstopniowa para azeotropowa rozdziela się na dwie ciekłe warstwy. Górna warstwa składa się z 14,5% masy etanolu, 84,5% masy benzenu i 1% masy wody. Dolna warstwa zawiera 53% masy etanolu, 11% masy benzenu i 36% masy wody. Górna warstwa, która jest bogata w benzen, jest zwracana jako refluks, a dolna jest wysyłana do drugiej kolumny w celu odzyskania etanolu i recyklingu benzenu. Czysty etanol jest usuwany jako produkt dolny. Jak wspomniano wcześniej, technika ta wykorzystuje benzen, składnik uważany za niebezpieczny dla zdrowia i wymaga dodatkowej kolumny do recyklingu benzenu.

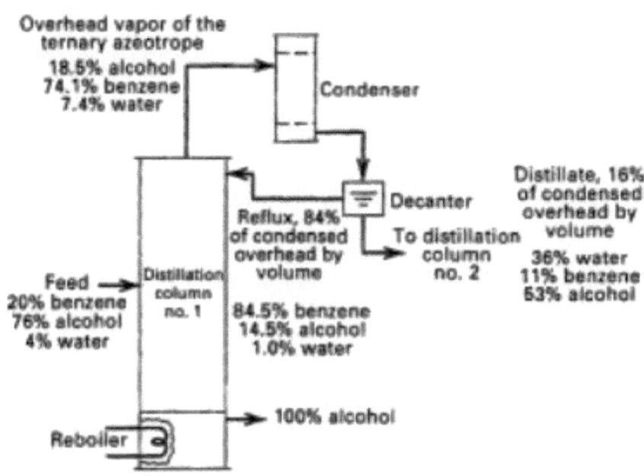

Rys. 2.3 Kluczowa technika destylacji heterogenicznej azeotropowej

Źródło: Seader et al. (1998)

Destylacja ekstrakcyjna jest połączeniem procesów absorpcji i destylacji. Azeotrop etanolowo-wodny może być oddzielony przy użyciu techniki destylacji ekstrakcyjnej (Luyben, 2015). Wysoko wrzący entrainer był stale podawany do górnej części kolumny. Zmienia to względną zmienność systemu (składnik, który jest wchłaniany w pociągustaje się mniej zmienny), przywracając siłę napędową do rozdzielenia. Pochłaniacz zwiększył zmienność kluczowego elementu, dzięki czemu rozdzielenie stało się wykonalne i ekonomiczne. Przykładem urządzenia do oddzielania azeotropów wody etanolowo-wodnej jest glikol etylenowy i gliceryna. Entrainer nie powinien tworzyć azeotropu z żadnym składnikiem. Rysunek 2.4 przedstawia typową destylację ekstrakcyjną w celu odwodnienia mieszaniny etanolu i wody z wykorzystaniem glikolu etylenowego jako porcji wewnętrznej. Pierwsza kolumna to kolumna do rozdzielania etanolu, w której znajduje się 20 tac, z paszą wprowadzaną na 12. tacę, a glikol etylenowy podawany na górną kolumnę. Etanol jest produkowany w górnej części o czystości 99,71% mola. Strumień dolny, który składa się głównie z wody i glikolu etylenowego, przechodzi do drugiej kolumny (kolumna rozdzielania wody) na szóstej tacy. W drugiej kolumnie oddzielono prawie czystą wodę (99,27% mola) w górnej kolumnie. Dolny strumień jest odzyskiwany z glikolu etylenowego, który jest recyklowany jako porywca do pierwszej kolumny. Chociaż glikol etylenowy jest uważany za bezpieczny, system ten wymaga dodatkowej kolumny i więcej energii do przeprowadzenia separacji. Odmianą destylacji ekstrakcyjnej jest destylacja soli, w której kluczowy składnik względnej lotności jest zmieniany przez sól jonową, wprowadzaną do górnego refluksu. Inną odmianą destylacji ekstrakcyjnej jest ekstrakcja $_{CO2 \text{ na poziomie}}$ nadkrytycznym, która jest stosowana w przemyśle farmaceutycznym ze względu na nietoksyczny charakter $_{CO2}$.

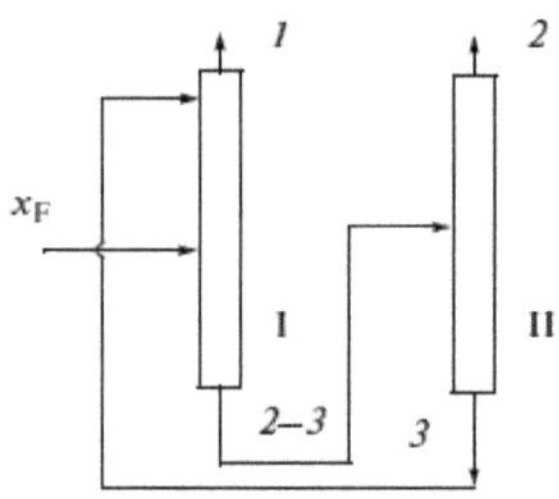

Rysunek 2.4 A Prosty schemat typowej destylacji ekstrakcyjnej (1 = czysty etanol, 2 = czysta woda, 3 = glikol etylenowy)

Źródło: Frolkova i Ravae (2010)

Azeotrop mieszaniny etanolu i wody może być również oddzielony za pomocą destylacji ciśnieniowej wahadłowej (Iqbal i Ahmad, 2016). Destylacja wahadłowa ciśnieniowa może być stosowana tylko w układzie, w którym skład azeotropów zmienia się wraz ze zmianami ciśnienia, np. azeotrop etylowo-wodny. Frakcja molowa mieszaniny azeotropu z etanolem i wodą wzrasta z 0,8943 przy 760 mm Hg do ponad 0,9835 przy 90 mm Hg, a azeotrop znika przy poniżej 70 mm Hg. Rysunek 2.5 przedstawia typowy układ do łamania azeotropu etanolowo-wodnego za pomocą techniki huśtawki ciśnieniowej. W systemie wymagane były dwie kolumny pracujące w dwóch różnych obszarach ciśnieniowych bez użycia rozpuszczalnika. Efekt ciśnienia sprawił, że oddzielenie mieszanki azeotropowej stało się możliwe. Czysty etanol o czystości 99,5% pojawił się z kolumny wysokociśnieniowej (10 barów), natomiast woda o czystości 99,5% z kolumny niskociśnieniowej (1 bar).

Uragami *i wsp.* (2015) stosowali technikę perwaporacji w celu odwodnienia mieszaniny etanolu z wodą. W procesie perwaporacji, pasza do modułu membranowego była płynną mieszaniną azeotropowej wody etanolowo-wodnej pochodzącej z przedstężnikowej konwencjonalnej kolumny destylacyjnej. Po stronie permeatu powstała próżnia wytwarzająca parę permeatu z około 25% etanolu. Permeat został skondensowany i poddany recyklingowi do wieży pre-koncentracyjnej. Retentatem był etanol o czystości 99,5%. Proces hybrydowy łączący destylację i jednostkę membranową pokazano na rysunku 2.6.

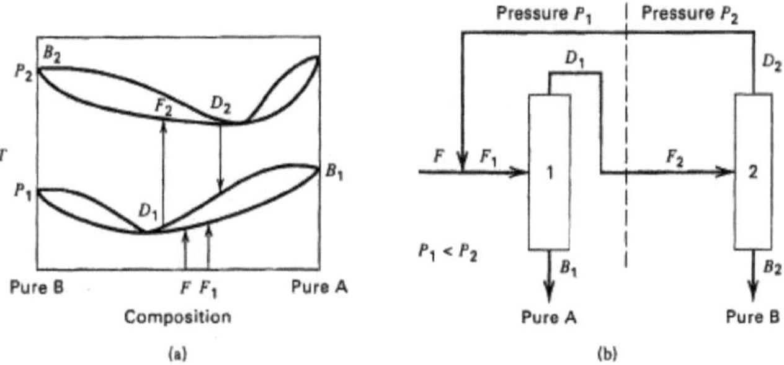

Rysunek 2.5 Technika wahań ciśnienia a) Typowy wykres T-x-y dla minimalnej temperatury wrzenia azeotropu b) Sekwencja destylacji dla minimalnej temperatury wrzenia azetropu

Źródło: Seader et al. (1998)

W wyniku tego procesu otrzymuje się z paszy etanolowej o stężeniu 60 % mas. 99,5 % mas. Mieszanina etanolu z wodą jest podawana do konwencjonalnej kolumny destylacyjnej o ciśnieniu zbliżonym do atmosferycznego, w której woda jest oddzielana w dolnym strumieniu. Destylat jest mieszaniną azeotropowo-etanolowo-wodną o stężeniu alkoholu etylowego 95,6% mas. Ta mieszanina azeotropów jest wysyłana do jednostki perwaporacyjnej, gdzie produkowany jest retentat 99,5% masy etanolu z 24% masy permeatu w próżni przy około 15 torrach. Para permeatu jest kondensowana i zawracana do kolumny destylacyjnej.

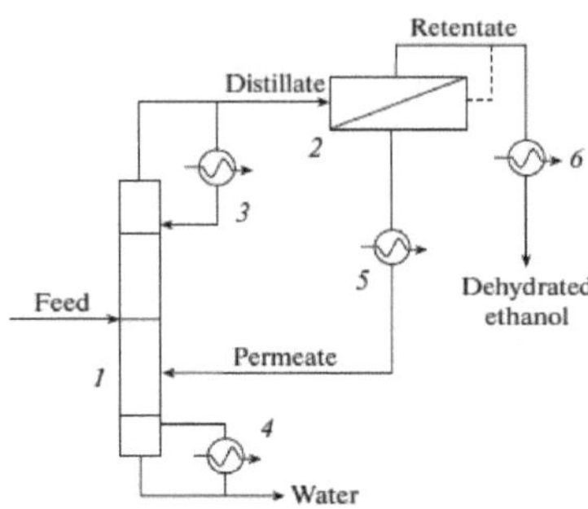

Rysunek 2.6 A Destylacja hybrydowa z perwaparowaniem w celu uzyskania absolutnego alkoholu etylowego

Źródło: Frolkova i Ravae (2010)

Azeotrop etanolu - woda może być odwodniona przy użyciu sita molekularnego. Chen *i in.* (2014) użyli zeolitu 3A do adsorbowania wody z mieszaniny azeotropowo-etanolowo-wodnej. Czas przebicia do osiągnięcia stężenia etanolu > 99,3% masy wynosił około jednej godziny. Gorący azot wstrzykiwano do nasyconego sita molekularnego podczas regeneracji pod ciśnieniem 0,5 kg/cm2. Sito molekularne było wielokrotnie używane do produkcji bezwodnego alkoholu etylowego o stężeniu 99,3% mas. Stwierdzono, że najlepsza temperatura regeneracji była w 193oC, przy czasie trwania 7 godzin i 40 minut. Twierdzili oni, że koszt regeneracji jest porównywalny z techniką destylacji ekstrakcyjnej. W ich pracy specyficzna energia do wytworzenia masy etanolu wynosiła 1291 kJ/kg. Dla porównania, energia właściwa do wytworzenia masy etanolu przy użyciu glikolu etylenowego w destylacji ekstrakcyjnej wynosiła 1760 kJ/kg.

Jedną z odmian techniki adsorpcji jest adsorpcja zmiennociśnieniowa (PSA), która okazała się bardziej efektywna energetycznie w porównaniu z adsorpcją konwencjonalną (Simo *i in.* , 2007). Podczas etapu regeneracji adsorpcji wahadłowej ciśnieniowej nie używa się gorących gazów, takich jak azot. Rysunek 2.7 przedstawia etapy adsorpcji wahadłowej ciśnieniowej.

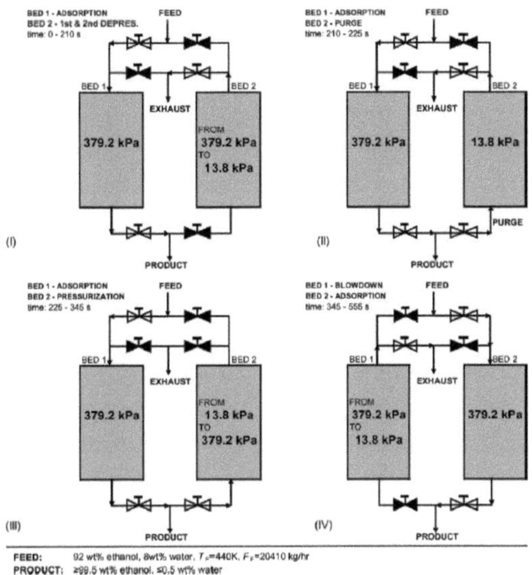

Rysunek 2.7 Adsorpcja zmiennociśnieniowa

Źródło: Simo et al. (2007)

W technice PSA opary azeotropowo-etanolowo-wodne przepływają do naczynia adsorpcyjnego od góry pod ciśnieniem 370,2 kPa w temperaturze 440 K. Czas trwania etapu adsorpcji wynosił około 345 sekund. Po nasyceniu sita molekularnego wodą przeprowadzany jest etap regeneracji. Ciśnienie jest redukowane do 13,8 kPa w ciągu 210 sekund w celu usunięcia wody z sita molekularnego. Na koniec etapu regeneracji, porcja produktu - etanolu (99,5% masy) - jest używana do oczyszczania pozostałej wody przez około 15 sekund. Następnie w ciągu 120 sekund zbiornik jest poddawany ciśnieniu roboczemu za pomocą pary etanolu i gotowy do użycia w celu odwodnienia mieszaniny etanolu z wodą. W tej literaturze nie podano informacji o energii właściwej do wytworzenia masy etanolu.

W badaniach tych adsorbent wodny został zsyntetyzowany ze zużytej ziemi bielonej i użyty do odwodnienia mieszaniny etanolu z wodą.

2.7 Test adsorpcji

Al-Asheh *et al.* (2004), badali rozdzielanie mieszanin etanol-woda przy użyciu sit molekularnych i adsorbentu na bazie biologicznej. W badaniach wykorzystano komercyjne sita molekularne typu 3A, 4A i 5A. Zastosowane adsorbenty na bazie biopaliw to naturalny grys kukurydziany, naturalny kamień palmowy i dąb oraz aktywowany kamień palmowy i dąb. Zawartość wody w roztworze paszowym wahała się od 5% do 12% mas. W doświadczeniu tym adsorbent był pakowany jako stałe podłoże w kolumnę (14,6 mm średnicy wewnętrznej i 25 cm długości). Mieszaniny etanolowo-wodne o objętości ok. 350 ml i stężeniu wody 5, 8, 10 i 12% mas. gotowano w kolbie z trzema szyjkami o pojemności 500 ml umieszczonej w płaszczu grzewczym. Stała temperatura kolumny łóżka utrzymywana była poprzez recyrkulacyjną łaźnię wodną. Strumień wyjściowy został skondensowany. Co 4 minuty zbierano objętość około 6 ml. Kondensat był analizowany przy użyciu titratora Karla Fischera. Pod koniec eksperymentu adsorbent został zregenerowany i cykl został powtórzony 10 razy. Wykreślono krzywą przełomową sorpcji wody dla tego stężenia mieszaniny etanolu i wody. Dla tych eksperymentów wybrano czas przebicia przy stężeniu wody 2% mas. Krzywa przełomowa wykazała, że najlepszą adsorpcję wody zapewnił zeolit 3A, a następnie zeolit 4A i 5A. Czas przebicia dla zeolitu 3A wynosił 88,9 minuty dla pasz o stężeniu wody 5% mas. Średnie stężenie wody w produkcie wynosiło 0,81 mol/l.

Klamrassame *et al.* (2010), zsyntetyzowany zeolit typu hydrat krzemianu glinowo-sodowego z popiołów lotnych węgla metodą stapiania. Adsorbent został zapakowany jako łoże stałe w kolumnę o średnicy wewnętrznej 0,4 i długości 15. Etanol o stężeniu 95% wagowo był podgrzewany przez płaszcz grzewczy i przenoszony przez przepływ azotu do adsorbentu. Temperatura adsorbentu była utrzymywana na poziomie 90oC. Oczyszczony etanol został skondensowany i co 3 minuty pobierano jego objętość około 1 ml. Ten test był przeprowadzany przez 17 minut. Czystość produktu analizowano przy użyciu titratora Karla Fishera. Następnie adsorbent był regenerowany w temperaturze 250oC w warunkach przepływu azotu przez 2 godziny, a test powtarzany był 2 razy częściej. Twierdzili oni, że najlepszy adsorbent został zsyntetyzowany w temperaturze syntezy w 450oC, która była w stanie oczyścić etanol ponad 99% masy przez pierwsze 3 minuty i spadła do ponad 97% po 5 minutach. Dla porównania, handlowy adsorbent był w stanie oczyścić mieszankę etanolowo-wodną do około 99,5% masy po 3 minutach i spadł do ponad 97% masy po 5 minutach.

2.8 Modele innych instytucji

Izotermy adsorpcyjne są relacją równowagi pomiędzy stężeniem adsorbatu w cieczy a obciążeniem adsorbentu w danej temperaturze. Dobry przegląd modelu izotermy można znaleźć w Foo i Hameed, (2010). Dwa popularne modele izotermy to model Freundlicha i Langmuira (Seader *i in.* , 1998 i Mc Cabe *i in.*, 2005). Model Langmuira jest ograniczony do izotermy typu I, co odpowiada adsorpcji jednnocząsteczkowej przy założeniu, że powierzchnia porów jest jednorodna (ΔHads = stała), a siły oddziaływania pomiędzy adsorbowanymi cząsteczkami są znikome. Model Freundlicha jest izotermą typu I, ale o niejednorodnej powierzchni, tj. ΔHads $_{\neq}$ constant (Seader *i in.*, 1998). Nie zakłada ona mocy jednowarstwowej (Jamil *i in.*, 2011b oraz Izidiro *i in.*, 2013). Na rysunku 2.8 przedstawiono rodzaje korzystnych izotermów dla procesu adsorpcji. Izotermy typu IV były w rzeczywistości korzystnymi izotermami typu II z kondensacją kapilarną. W kolejnych paragrafach znajdują się recenzje literatury na temat izotermy i jej modelu.

Johansen and Dunning (1957), badał adsorpcję pary wodnej na montmorylonicie, illicie i kaolinicie jako pośredni pomiar wrażliwości wody na tworzenie się osadów. Próbki gliny zostały całkowicie odgazowane w temperaturze 25oC i zrównane z parą wodną przez 20 godzin. Po 20 godzinach próbki zostały usunięte z aparatu. Ilość adsorbowanej wody określano na podstawie zmian masy. Desorpcję pary wodnej badano poprzez ewakuację aparatu. Ilość wody zdesorbowanej mierzono poprzez zmiany masy. Znalazły one duży efekt histerezy z montmorylonitem, a następnie illite, ale nie dla kaolinitu. Kaolinit ma najmniejszą powierzchnię o dobrze zdefiniowanej strukturze krystalicznej, dlatego też cząsteczki gazowe nie mogą przeniknąć poza zewnętrzną powierzchnię. W ten sposób adsorpcja i desorpcja są łatwiejsze i bardziej odwracalne od innych rodzajów gliny. Zaobserwowano również, że izotermy desorpcyjne były trudne do odtworzenia montmorylonitu, a analit po pierwszej adsorpcji wskazuje, że struktura gliny nie powróciła do stanu pierwotnego po desorpcji. Milliken *i in.* (1955) podali, że nieodwracalność jest oznaką zmian strukturalnych w glinie. Johansen i Dunning (1957) stwierdzili również, że powierzchnia właściwa nie zmieniła się po doświadczeniach z wymianą jonów (z jonami sodu), ale po tym zabiegu adsorbowana woda została zwiększona. Stwierdzono również, że zanieczyszczenia takie jak kwarc i krzemionka zmniejszają proporcjonalnie adsorpcję.

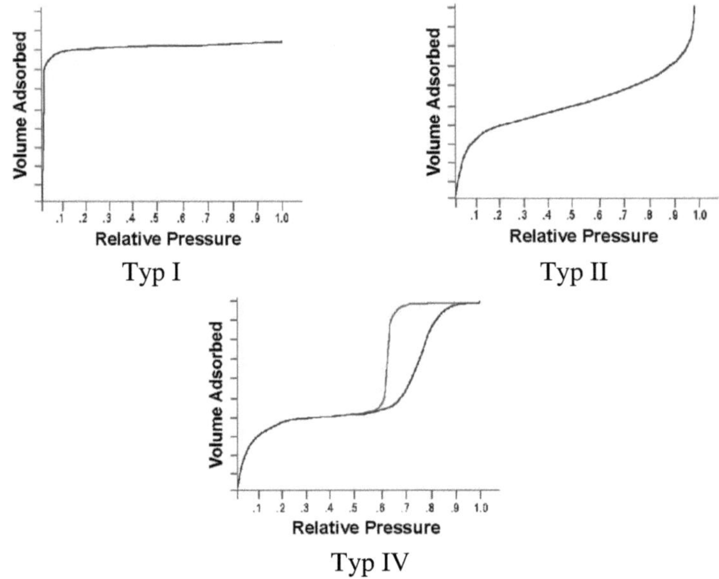

Rysunek 2.8 Wierzchnia warstwa typu I, wielowarstwowa typu II i wielowarstwowa typu IV z izotermą kondensacyjną

Źródło: Seader et al. (1998)

Dżamil *i wsp.* (2011a) badali adsorpcję atrazyny, będącej składnikiem herbicydów, na zeolity A i X. Zeolity te były syntetyzowane z egipskiego kaolinu. Modelami izotermicznymi wykorzystanymi do dopasowania danych doświadczalnych były Langmuir, Freundlich i Dubinin-Kaganer-Radushkevich (DKR). Eksperymenty adsorpcyjne przeprowadzono przy użyciu 50 mg adsorbentów z 100 ml roztworu atrazyny o żądanym stężeniu w szklanych butelkach 100 ml pyrexu w temperaturze 25oC. Butelki były wstrząsane z prędkością 200 obrotów na minutę za pomocą wytrząsarki. Próbki były pobierane i analizowane w kilku odstępach czasu. Analiza próbek została przeprowadzona przy użyciu spektrometru Jasco UV-vis przy długości fali 223 nm. Model Langmuira w formie liniowej został podany przez (Jamil *i in.* , 2011a):

$$\frac{C_e}{C_{ads}} = \frac{1}{Qb} + \frac{C_e}{Q} \qquad 2.5$$

gdzie C_e stanowiło równowagowe stężenie atrazyny w roztworze, Cads to ilość adsorbowanej atrazyny w masie zeolitu, Q i b były stałą Langmuira, a energia sorpcyjna związana z adsorpcją jednowarstwową. Po wykreśleniu C_e/C_{ads} względem C_e otrzymano wykres liniowy dla całego badanego stężenia atrazyny o wartości R2 równej 0,986. Model Freundlicha w formie liniowej dla ich badań był (Jamil i in., 2011a):

$$\log C_{ads} = \log K + \frac{1}{n}\log C_e \qquad 2.6$$

gdzie K było stałą mierzącą zdolność adsorpcji zeolitu w zależności od temperatury pracy, a n było stałą dla badanego systemu adsorpcji. Liniowy wykres został uzyskany, gdy kłoda C_e została wykreślona na tle kłody Cads.

Otrzymana wartość R2 wynosiła 0,96 dla zeolitu A. Model Dubinina-Kaganera-Radushkevicha (DKR) był analogiem izotermy Langmuira, ale nie zakładał jednorodnej powierzchni ani stałego potencjału sorpcyjnego. Wartość R2 uzyskana dla modelu DKR wynosiła 0,99 dla zeolitu A. Model ten jest reprezentowany przez następujące równanie (Foo i Hameed, 2010 oraz Jamil i in., 2011a):

$$q_e = q_s \exp(-k_{ad}\varepsilon^2) \qquad 2.7$$

gdzie qs jest maksymalną adsorbowaną adsorpcją, a k_{ad} w stałej odnosi się do wolnej energii adsopcji. Parametrem ε jest potencjał Polanyi podany przez (Jamil *i in.* 2011a):

$$\varepsilon = RT\ln\left(1 + \frac{1}{C_e}\right) \qquad 2.8$$

gdzie R jest stałą gazową 8,314 J/mol.K, a T jest temperaturą w Kelwinie. Potwierdzenie modelu DKR wskazujące, że miejsca aktywne są niejednorodne. Jedną z unikalnych cech DKR jest to, że jest on zależny od temperatury. Jamil *i wsp.* (2011a), stwierdzili, że model Langmuira i model DKR są skuteczne i są w stanie opisać dane adsorpcyjne z wartościami R2 > 0,98. W innej pracy, Jamil *i wsp.* (2011b) badali usuwanie błękitu metylenowego za pomocą zeolitu syntetyzowanego z egipskiego kaolinu. Stwierdzono, że model Langmuira lepiej pasuje do danych adsorpcyjnych niż model Freundlicha.

Yamamoto *i wsp.* (2012), badali adsorpcję wody z mieszaniny etanolu i wody przy użyciu komercyjnych zeolitów (LTA-Na, LTA-Ka, LTA-Ca, FAU-Na

i MOR-Na). W ich doświadczeniach do 1 x 10-5 m-3 wody etanolowo-wodnej dodawano 1 gram zeolitu w różnych stężeniach początkowych (0 -10% mas.). Mieszanina została zamknięta w szklanej fiolce i wstrząsana w łaźni wodnej o temperaturze 298 K przez 24 godziny. Stężenie wody w mieszaninie oznaczono metodą miareczkowania Karla Fischera. Rezultatem była izoterma adsorpcyjna wody jako zależność pomiędzy równowagowym stężeniem wody a adsorbowaną ilością wody na adsorbencie. Zmierzone izotermy zostały założone przy użyciu modelu Langmuira i Freundlicha. Wartość R2 dla modelu Langmuira wykorzystującego LTA-K i LTA-Na wynosiła odpowiednio 0,999 i 0,997. Wartość R2 dla modelu Freundlicha wykorzystującego LTA-K i LTA-Na wynosiła odpowiednio 0,953 i 0,971. Stwierdzili oni, że model Langmuira jest bardziej odpowiedni do opisania adsorpcji wody na zeolitach w etanolu niż model Freundlicha.

Izidiro *i in.* (2013), syntezowany zeolit A i X z popiołów lotnych. Użyli oni zeolitów do usuwania kadmu i cynku z roztworu wodnego w układach jonów jedno- i dwuskładnikowych. W badaniach adsorpcyjnych w jednym pojemniku zmieszano 0,5 g każdego zeolitu i 50 ml roztworów jonów metali w różnym stężeniu. Mieszaninę wstrząsano z prędkością 120 obrotów na minutę i stabilizowano przez 24 godziny. Próbki analizowano na obecność kadmu i cynku za pomocą spektrofotometru absorpcji atomowej (Variant, Spectraa-50, USA). Model Langmuira i Freundlicha został wybrany tak, aby pasował do danych adsorpcyjnych. Doszli do wniosku, że zarówno model Langmuira, jak i model Freundlicha były w stanie dopasować się do danych eksperymentalnych. Wartość R2 uzyskana dla modelu Langmuira była lepsza niż dla modelu Freundlicha.

Rida *i in.* (2013), stosować kaolin i zeolit 4A jako adsorbenty do usuwania błękitu metylenowego z roztworu wodnego w procesie wsadowym. Dane izotermy eksperymentalnej zostały dopasowane przy użyciu modelu Freundlicha, Temkina i Dubinina-Kaganera-Radushkevicha (DKR). Model Temkina uwzględnia interakcję adsorbentu-adsorbatu. Izoterma zakłada, że ciepło adsorpcji zmniejsza się liniowo wraz z pokryciem na skutek oddziaływania adsorbatów-adsorbatów. Adsorpcja charakteryzuje się równomiernym rozkładem energii wiązania. Model izotermy Temkina jest reprezentowany przez następujące równanie (Rida *i in.* , 2013):

$$q_e = B\ln(K_T C_e) \qquad 2.9$$

gdzie B = RT/b, B jest stałą Temkina odnoszącą się do ciepła adsorpcji, $_{KT}$ jest stałą wiązania równowagi, która jest maksymalną energią wiązania. Według Rida *i in.* (2013), model Temkina jest doskonały do reakcji z fazą gazową, ale nie nadaje się do izotermii adsorpcyjnej fazy ciekłej. Stwierdzono, że model Freundlicha nie pasuje do izoterm zarówno dla kaolinu, jak i zeolitu, co wskazuje na niską wartość R2. Model Temkin i DKR dopasował dane izotermy eksperymentalnej z R2> 0,95 dla kaolinu. Tylko model DKR zawierał dane izotermiczne dla zeolitu, co wskazuje, że miejsca aktywne dla kaolinu i zeolitu były heterogeniczne.

2.9 Model krzywej przełomowej

Dwa równania matematyczne, które opisują przełomową krzywą dla systemu adsorpcji, to model Klinkenberga (Seader *i in.* , 1998 i Chang *i in.* , 2006) oraz model Yoona i Nelsona (Tsai *i in.* , 1999 i Rezaeeet i in. , 2011).

Model Klinkenberga daje c/cF jako funkcję bezwymiarowego czasu, τ i bezwymiarowej długości łóżka ξ w kategoriach funkcji Bessela. Równanie Klinkenberga jest (Seader i in., 1998 i Chang i in., 2006) :

$$\frac{c}{c_F} \approx \frac{1}{2}\left[1+\operatorname{erf}\left(\sqrt{\tau}-\sqrt{\xi}+\frac{1}{8\sqrt{\tau}}+\frac{1}{8\sqrt{\xi}}\right)\right] \qquad 2.10$$

W równaniu 2.10, c to stężenie adsorbentu na wylocie, a cF to stężenie na wlocie do złoża adsorpcyjnego. Czas bezwymiarowy, τ jest podawany przez $\tau = k(t - z/u)$ i długość bezwymiarową złoża, $\xi = \frac{kKz}{u}\left(\frac{1-\varepsilon_b}{\varepsilon_b}\right)$ gdzie k jest współczynnikiem przenoszenia masy całkowitej, t jest czasem próbkowania, z jest wysokością złoża, u jest prędkością powierzchniową, K jest stałą równowagi adsorpcji, a εb jest frakcją nieważną złoża.

Model Yoon i Nelsona odnosi się do czasu pobierania próbek, t i stężenia przebicia (tj. Cb). Równanie to zostało podane przez (Tsai *i in.* , 1999 i Rezaee *i in.* , 2011):

$$t = \tau + \frac{1}{k'}\ln\left(\frac{C_b}{C_i - C_b}\right) \qquad 2.11$$

W równaniu 2.11, τ to czas przebicia przy 50%, k' to stała tempa, Cb to stężenie adsorbatu na wylocie złoża adsorbentnego, Ci to stężenie adsorbatu wchodzącego do złoża adsorbentnego. Wartość τ można określić przy stężeniu Cb/2. Model Yoona i Nelsona jest mniej skomplikowany niż model Klinkenberga i nie wymaga żadnych szczegółowych danych dotyczących charakterystyki adsorbentu $\ln\left(\frac{Q}{1-Q}\right)=k'(\tau-t)$. Ten prosty model został jednak z powodzeniem zastosowany do przewidywania krzywych przebicia różnych adsorbatów organicznych i kilku różnych stężeń wlotowych.

Tsai *et al.* (1999), badali adsorpcję HCFC-141b na węglu aktywnym w kilku podwyższonych temperaturach i kilku stężeniach na wlocie w całym zakresie wartości procentowej przełomu (0 - 100%). Stwierdzili, że k' i τ są zależne od koncentracji adsorbatów. Stała tempa, k' zwiększała się wraz ze wzrostem stężenia adsorbatów we wlocie, natomiast wartość τ zmniejszała się wraz ze spadkiem stężenia adsorbatu we wlocie. Stwierdzono również, że na obie te stałe istotny wpływ miała temperatura. Temperatura zależna od stałej prędkości k' może być ustawiona za pomocą równania Arrheniusa. Podsumowując, model Yoon i Nelson był w stanie dopasować eksperymentalne dane przełomowe systemu adsorpcji.

Chang *et al.* (2006), wykorzystali model Klinkenberga do dopasowania przełomowych danych doświadczalnych dotyczących adsorpcji wody z mieszaniny etanolu i wody na mączkę kukurydzianą. Wartość stałej równowagi, K oszacowano na podstawie nachylenia wykresu q vs c, gdzie q było masą wody adsorbowanej na objętość adsorbentu, a c było stężeniem wody w mol na objętość. Z powodzeniem wykorzystali oni ten model do prognozowania krzywych przebicia przy różnych prędkościach i prędkościach powierzchniowych oraz różnej głębokości złoża. Jednakże model nie był odpowiedni do przewidywania krzywej przebicia dla różnych stężeń na wlocie. Podsumowując, model Klinkenberga, który nadał c/cf jako funkcję bezwymiarowego czasu, τ i bezwymiarowej głębokości łóżka, ξ był odpowiedni do celów wstępnego projektowania.

Rezaee *i wsp.* (2011), użyli modelu Yoon i Nelsona do opisania krzywej przebicia formaldehydu na golec kostny w 25oC. W doświadczeniach wykorzystano kilka stężeń formaldehydu w zakresie od 20 do 200 ppmv. Wartość stałej k' i τ określono przy użyciu podobnej techniki Chang *et al.* (2006). Stwierdzono, że wartość k' wzrastała wraz ze wzrostem stężenia adsorbatu we wlocie. Stwierdzono również, że wartość τ rośnie wraz ze wzrostem stężenia adsorbatu we wlocie. Wyniki te wykazały, że obie stałe są zależne od stężenia adsorbatu we wlocie. Z wartości współczynników korelacji, R2, które wynosiły ponad 0,95, wyciągnęli wniosek, że model Yoona i Nelsona był w stanie opisać przełomową krzywą systemu adsorpcji.

2.10 Przyszłość adsorbentu wodnego w odwadnianiu mieszaniny etanolu z wodą

Odwodnienie etanolu z wodą jest niezbędne do uzyskania absolutnego etanolu do stosowania w biopaliwach. Istnieje wiele technik uzyskiwania absolutnego etanolu z mieszaniny azeotropów etanolu i wody. Niektóre z nich to destylacja azeotropowa, destylacja ekstrakcyjna, perwaparowanie i adsorpcja. Wadą technik destylacji azeotropowej i ekstrakcyjnej jest to, że wymagają one dodatkowych środków chemicznych (np. porywaków) do zmiany lotności składników oraz dodatkowej kolumny do odzyskiwania porywaków. Zastosowanie dodatkowych kolumn zwiększa również zużycie energii przez te techniki. Koszty operacyjne za tonę bezwzględnego alkoholu etylowego o masie 99,8% wagowo, produkowanego metodą permeacji, perwaporacji, destylacji (azeotrop i destylacja ekstrakcyjna) oraz technik adsorpcyjnych wyniosły odpowiednio 15,75 USD, 16,6 USD, 45,65 USD i 36,6 USD (Frolkova i Ravae, 2010). Chociaż koszt operacyjny techniki perwaporacyjnej jest niski, nadal istnieje czynnik ograniczający zastąpienie destylacji technologią przenikania i perwaporacyjną na dużą skalę przemysłową, taki jak wysoki koszt kapitałowy, ograniczenie masowej produkcji membran oraz wrażliwość na zmiany parametrów procesu. Udowodniono, że odwodnienie mieszaniny etanolu i wody za pomocą technik adsorpcyjnych jest skuteczniejsze na skalę przemysłową, zwłaszcza w przypadku adsorpcji metodą adsorpcji zmiennociśnieniowej, która wymaga mniej energii specyficznej niż klasyczne techniki adsorpcyjne (Simo i in., 2007; Frolkova i Rave, 2010).

Typowym adsorbentem wodnym stosowanym w adsorpcji fazy ciekłej do odwadniania etanol-woda jest zeolit typu A, materiał na bazie celulozy itp. Typowym adsorbentem wodnym stosowanym w adsorpcji fazy parowej jest zeolit 3A, zeolit 4A, żel krzemionkowy i chlorek litu. Najczęściej stosowanym adsorbentem wody w odwodnieniu etanol-woda jest zeolit 3A z powodu selektywnej adsorpcji wody. Sita molekularne, takie jak zeolit 3A o małych rozmiarach porów, są skuteczne w usuwaniu wody z roztworu o niskiej zawartości wody, np. azeotreope układu etanol-woda. Adsorpcja w celu oddzielenia mieszaniny etanolu i wody może być przeprowadzana w fazie gazowej lub ciekłej. Przeprowadzenie procesu adsorpcji w fazie parowej pozwala uniknąć zwilżenia sita molekularnego, co zmniejsza zużycie ciepła i energii podczas etapu regeneracji. Ponadto, adsorpcja jest uważana za najlepszą metodę ze względu na jej uniwersalny charakter, niewydajność i łatwość obsługi w oczyszczaniu ścieków (Ali *i in.*, 2012). Adsorpcja może usunąć rozpuszczalne i nierozpuszczalne zanieczyszczenia organiczne aż do 99,9%. Ze względu na te fakty, adsorpcja została wykorzystana do usuwania różnych zanieczyszczeń organicznych z różnych zanieczyszczonych źródeł wody.

Podsumowując, odwodnienie mieszaniny etanolu z wodą przy użyciu sita molekularnego w odwodnieniu mieszaniny etanolu z wodą jest nadal istotne i posiada zalety technologiczne, takie jak niski koszt inwestycyjny, prosta konstrukcja procesu, łatwość obsługi, łatwość regeneracji, długa żywotność (do 5 lat) i wysoka wydajność ekonomiczna (Frolkova i Raeva, 2009).

CHAPTER 3

MATERIAŁY I METODY

3.1 Wprowadzenie

W badaniach tych z zużytej ziemi bielonej syntetyzowano adsorbent wodny do odwadniania mieszaniny azeotropowo-etanolowo-wodnej. Na SBE przeprowadzono analizę TGA w celu określenia temperatury kalcynacji SBE. Przesiewano kilka metod w celu znalezienia odpowiedniej metody produkcji wody. Przy użyciu odpowiedniej metody badano zmienne lub czynniki wpływające na pobór wody przy użyciu techniki OVAT (ang. one variable-at-a time), a następnie strukturalnego wielopoziomowego czynnikowego projektowania eksperymentu (DOE). Badania izotermiczne przeprowadzono w temperaturze pokojowej i 75°C dla adsorbentu wody syntetycznej i komercyjnej. Wreszcie, zsyntetyzowany i komercyjny adsorbent wodny został użyty do odwodnienia mieszaniny azeotropu etanol-woda w stołowej aparaturze adsorpcyjnej wytwarzającej krzywe dehydratacji mieszaniny etanol-woda. Dla wybranych surowców oraz adsorbentu wodnego zsyntetyzowanego przeprowadzono analizy charakteryzujące, takie jak XRD, FESEM-EDX, ICP-MS, powierzchnię oraz pomiar porowatości.

3.2 D Wyznaczanie temperatury regeneracji SBE

Oznaczenie temperatury regeneracji SBE przeprowadzono przy użyciu analizatora termograwimetrycznego TGA (TGA SDTA 851e, Mettler Toledo, Szwajcaria) w laboratorium TATI University College Laboratory.

Ilość SBE (mniej niż 50 mg) w tyglu tlenku glinu została wprowadzona do pieca TGA. Zastosowane tempo ogrzewania wynosiło 10oC/min od temperatury początkowej 30oC do temperatury końcowej. Temperatura końcowa była utrzymywana przez 180 min. Zastosowano trzy temperatury końcowe, tj. 650oC, 750oC i 850oC. Jako gazu oczyszczającego użyto powietrza z prędkością 100 ml/min.

3.3 Screening metod wytwarzania adsorbentu wodnego

Przetestowano wiele metod produkcji adsorbentu wodnego z SBE, ale tylko trzy zostały przedstawione w pracy dyplomowej. Zasadniczo metoda 1 opierała się na Hadenie *i in.* (1961), metoda 2 była zmodyfikowaną metodą syntezy metodą 1, a metoda 3 była na ogół metodą fuzji, po której następowało leczenie hydrotermiczne. W tabeli 3.1 przedstawiono wykaz substancji chemicznych stosowanych w tych badaniach.

W metodzie 1 surowiec taki jak SBE był kalcynowany w temperaturze 700°C przez 17 godzin w piecu. Do SBE dodano tlenek glinu w celu uzyskania stosunku krzemionki do tlenku glinu około 1:1. Glinę kalcynowaną mieszano z 40-55% masowym roztworem KOH w wodzie destylowanej. Mieszaninę reagowano przez 48 godzin w zamkniętym pojemniku w temperaturze 38°C w piecu. Krystalizację prowadzono w aparacie do refluksu przez 48 godzin w 5% wagowo KOH w wodzie destylowanej. Produkt umyty i wysuszony w piecu na noc, gotowy do testu na wchłanianie wody.

W metodzie 2 (zmodyfikowana metoda syntezy) surowiec był mieszany z KOH. Mieszanina była topiona w piecu w temperaturze 550-600°C w piecu przez 12 godzin. Stopioną mieszaninę zmieszano z 40-55% wagowym roztworem KOH w wodzie. Mieszaninę reagowano przez 48 godzin w zamkniętym pojemniku w temperaturze 38°C. Krystalizację prowadzono w aparacie do refluksu przez 48 godzin w 5% wagowo KOH w wodzie destylowanej. Mycie i suszenie przeprowadzono w temperaturze 85-220°C w piecu i w stanie gotowym do testu absorpcji wody.

W metodzie 3, mieszanka stopiona z metody 2 została zmieszana z KOH w celu uzyskania 120% masy. Następnie mieszaninę dodawano do 5 części wody destylowanej i energicznie mieszano przez 1-3 godziny. Następnie mieszankę pozostawiono w piecu w temperaturze 60°C na 24 godziny, a następnie umyto. Na koniec, mieszanka była suszona w piecu w temperaturze 85-220°C przez 24 godziny i gotowa do próby wchłaniania wody.

Tabela 3.1 Wykaz chemikaliów

Nie.	Nazwa chemikaliów
1	Spent Bleaching Earth, SBE (Cargill Palm Products Kuantan, Malezja).
2	Tlenek glinu , Al2O3 (Sigma Aldrich, Niemcy).
3	Wodorotlenek potasu, KOH (Merck, Niemcy).
4	Etanol 99,7% , C2H6O (HmBG Chemical).
5	Hydranal Composite 5 (Sigma Aldrich, Niemcy).
6	Metanol suszony (Sigma Aldrich, Niemcy
7	Sita molekularne 3A (Sigma Aldrich, Niemcy).
8	Glikol polietylenowy 600 (Merck, Niemcy).
9	Woda destylowana.

3.4 Synteza adsorbentu wodnego pochodzącego ze zużytej ziemi wybielającej (SBE)

Metoda wykorzystywana do syntezy adsorbentu wodnego jest następująca. SBE był podgrzewany w piecu w temperaturze 750°C w celu usunięcia substancji organicznych, przez 12 godzin. Tlenek glinu (Al2O3) dodawany był do regenerowanego SBE (w zakresie od 40 gramów Al2O3 do 100 gramów Al2O3 na 100 gramów SBE etc.). Następnie do mieszanki dodano ilość wodorotlenku potasu; KOH (od 51% do 86% masy materiałowej SBE/aluminium) i dokładnie wymieszano. Mieszanina SBE, tlenku glinu i KOH była topiona w kilku ustalonych temperaturach (od 350°C do 900°C) przez 12 godzin w piecu. Po 12 godzinach mieszanka stopiona została zmielona za pomocą zaprawy i wymieszana z wodą (w zakresie od 65% do 95% masy mieszanki stopionej). Mieszanina ta była poddawana reakcji (starzeniu) przez kilka ustalonych wcześniej temperatur (w zakresie od 40°C do 80°C) przez kilka ustalonych wcześniej dni (w zakresie od 3 do 9 dni) w zamkniętym pojemniku. Później mieszanina była refluksowana w 5% wagowo KOH w wodzie przez 48 godzin. Ilość użytego KOH wodnego była 5-krotnie większa od masy mieszanki. Po 2 dniach otrzymany produkt przemywa się 3 razy wodą destylowaną za pomocą zestawu do filtrowania i suszy w piecu w temperaturze 220°C przez 20 godzin. Na rysunku 3.1 przedstawiono uproszczony proces syntezy adsorbentu wodnego z SBE. Produkt został przetestowany pod kątem wydajności odbioru wody przy użyciu titratora Karla Fishera, jak opisano w sekcji 3.5.

3.4.1 Main i wzajemne oddziaływanie czynników wpływających na pobór wody

Badano wpływ sześciu czynników na pobór wody zsyntetyzowanego adsorbentu wodnego z SBE, wykorzystując pełnoczynnikowy, wielopoziomowy projekt eksperymentu. Zastosowane oprogramowanie to MINITAB Statistical

Software R14. Do sześciu czynników dodawano wodę, dodawano KOH, dodawano tlenek glinu, temperaturę topnienia, temperaturę leżakowania i czas leżakowania. W celu zmniejszenia liczby eksperymentów (648 eksperymentów dla 6 czynników, 3 poziomy z 3 replikami), czynniki zostały podzielone na dwa pełne wielopoziomowe konstrukcje eksperymentu w oparciu o znaczący z czynników uzyskanych techniką OVAT.

Do pierwszego zestawu projektu doświadczeń dodano wodę (65%, 80% i 95% masy stopionego SBE), tlenek glinu (60% i 80% masy zregenerowanego SBE) oraz KOH (51%, 56% i 61% masy materiału mieszanki tlenku glinu iSBE). Odpowiedzią był pobór wody, jak opisano w sekcji 3.5. Dla każdego zestawu kombinacji czynnikowej wykonano trzy repliki. Całkowita liczba eksperymentów wyniosła 54. Wyniki te zostały następnie przeanalizowane przy użyciu analizy wariantu dla głównych efektów i efektów interakcji za pomocą oprogramowania statystycznego Minitab R14. Wszystkie doświadczenia przeprowadzono w stałej temperaturze topnienia 650°C, stałej temperaturze starzenia 80°C i stałym czasie starzenia 5 dni.

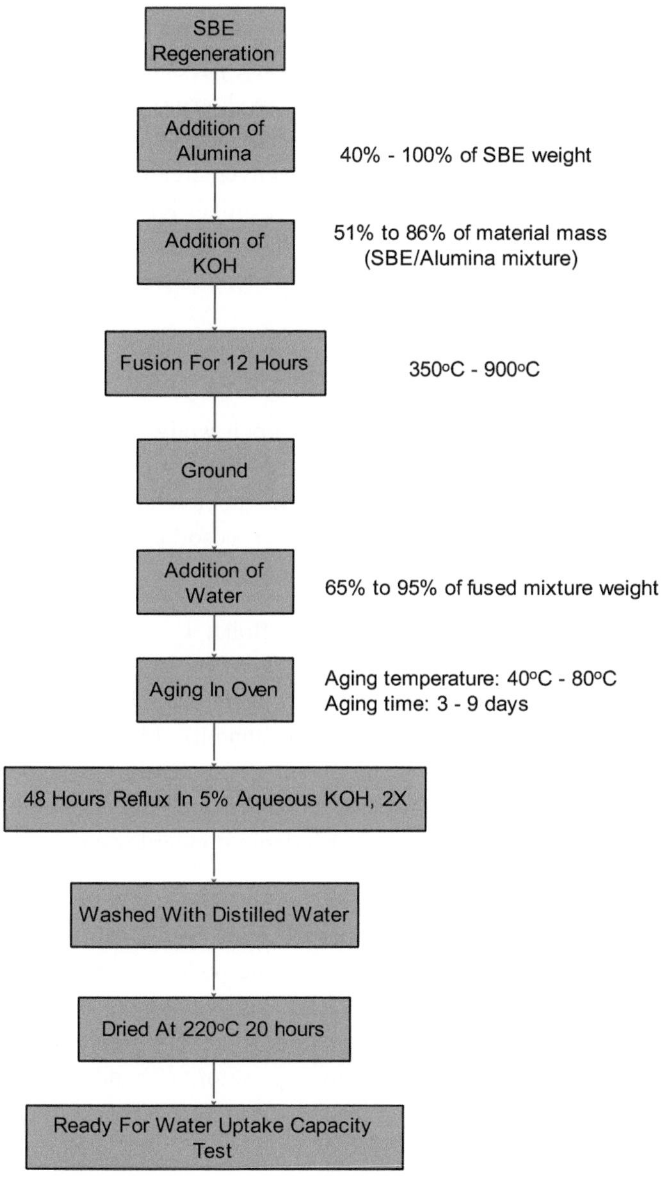

Rys. 3.1 Szkicowany proces syntezy adsorbentu wodnego z SBE

Czynnikami dla drugiego zestawu konstrukcji eksperymentów były temperatura syntezy (550°C i 650°C), temperatura starzenia (60°C i 80°C) oraz czas starzenia (3, 5 i 7 dni). Odpowiedzią był pobór wody, jak opisano w sekcji 3.5. Dla każdego zestawu kombinacji czynnikowej wykonano trzy repliki. Całkowita liczba eksperymentów wyniosła 36. Wyniki te zostały następnie przeanalizowane przy użyciu analizy wariantu dla głównych efektów i efektów interakcji za pomocą oprogramowania statystycznego Minitab R14. Wszystkie doświadczenia przeprowadzono przy stałym dodatku tlenku glinu w ilości 80% masy zregenerowanego SBE, wodzie w ilości 65% masy stopionego SBE, a także przy dodatku KOH w ilości 56% masy materiału.

3.5 Próba poboru wody lub wydajności adsorpcyjnej

W celu określenia zdolności adsorbentu do adsorpcji wody z mieszaniny etanolu i wody przeprowadzono eksperyment z pobieraniem wody lub adsorbowaniem. Przeprowadzono badanie wydajności pobieranej wody lub adsorbowanej dla adsorbentu wodnego handlowego i adsorbentu wodnego syntetyzowanego z SBE. Procedura testowa jest następująca.

Adsorbent wodny został zważony i napełniony fiolką 1,5 mL. Fiolka z adsorbentem wodnym była suszona w piecu przez 3 godziny w temperaturze 220°C. Po 3 godzinach do fiolki wstrzykiwano znaną masę mieszanki etanolowo-wodnej o składzie azeotropowym (95,6% wagowo etanolu). Fiolka została uszczelniona za pomocą nakrętki i potrząsnięta 10 razy oraz przetestowana na zawartość wody za pomocą Karl Fisher Titrator (870 KF Titrino Plus, Metrohm, Szwajcaria) zgodnie z jej instrukcją. Względne odchylenie standardowe titratora jest mniejsze niż 2% mas.

Dokonano trzech pomiarów początkowej zawartości wody i uśredniono je. Przy założeniu, że etanol nie jest adsorbowany (wspólne podejście stosowane przez innych badaczy, takich jak Izidiro *i in.* (2012), Krishna i Swamy (2012) oraz Rhondon *i in.* (2013)) na powierzchni adsorbentu wodnego, do obliczenia grama adsorbentu wodnego na gram wody użyto następującego wzoru (Rhondon *i in.* , 2013):

$$\text{Pobór wody} = \frac{(C_i - C)}{100} \times \frac{W_{eth}}{W_{ads}} \qquad 3.1$$

Gdzie C_i jest początkowe stężenie wody (procent wagowy) w mieszaninie etanol-woda, C jest stężeniem wody (procent wagowy) po procesie adsorpcji występuje w mieszaninie etanol-woda, Weth jest wagą mieszaniny etanol-woda wtryskiwanej do fiolki w gramach, a Wads jest wagą (w gramach) adsorbentu w fiolce.

3.6 Charakterystyka surowców i adsorbentów

Zsyntetyzowany adsorbent wodny, komercyjny adsorbent wodny i SBE scharakteryzowano za pomocą dyfraktometrii rentgenowskiej (XRD) do identyfikacji fazowej, skaningowej mikroskopii elektronowej z emisją polową z wykorzystaniem rentgena dyspersyjnego energii (FESEM-EDX) do analizy krzemionki i tlenku glinu oraz badań morfologicznych. Do pomiaru obecności niektórych pierwiastków nieorganicznych wykorzystano plazmową spektrometrię masową sprzężoną indukcyjnie (ICP-MS). Próbki charakteryzowano również pod względem powierzchni i porowatości.

3.6.1 Dyfraktometria rentgenowska (XRD)

Pomiar XRD został przeprowadzony w celu określenia rodzaju i fazy adsorbentów wodnych. Pomiary XRD zostały przeprowadzone na Wydziale Nauk i Technologii Przemysłowych (FIST) Uniwersytetu Malezji w Pahang (UMP). Pomiary przeprowadzono w celu zidentyfikowania typów adsorbentu wodnego obecnego w niektórych wybranych syntetyzowanych próbkach. Pomiary wykonano przy użyciu analizatora dyfrakcji rentgenowskiej Rigaku X Model Miniflex II, w temperaturze otoczenia z CuKα przy 30 kV i 15 mA w zakresie 2θ od 3-80° z krokiem próbkowania 0,02°.

3.6.2 Pomiary powierzchni i porowatości

Pomiary powierzchni i porowatości przeprowadzono na wybranych próbkach w celu określenia powierzchni (m2/g), objętości porów (m3/g) oraz średniej średnicy porów (Å). Powierzchnia właściwa i objętość właściwa próbek porowatych może być określona metodą Barreta, Joynera i Halendy (BJH) lub Brunauera, Emmeta i Tellera (BET). Zgodnie z podręcznikiem szkoleniowym Micromeritics ASAP 2020 (2010), metody BET były odpowiednie dla wielowarstwowych modeli adsorpcyjnych, a metoda BJH była ważna dla próbek porowatych o średnicy pomiędzy 20Å a 3000Å. Pomiary zostały przeprowadzone na Wydziale Nauki i Techniki Przemysłowej (FIST), UMP przy użyciu Mikromerytyki ASAP 2020 Surface Area i Analizatora Porowatości.

3.6.3 Elektronowa mikroskopia skanowania emisji pól (FESEM)

W celu określenia morfologii wybranych próbek przeprowadzono pomiary elektronowej mikroskopii skaningowej FESEM (Field Emission Scanning

Electron Microscopy). Pomiary przeprowadzono w Laboratorium Centralnym UMP przy użyciu JSM-780F, Polowego Mikroskopu Elektronowego do Skanowania Emisji. Pomiary FESEM-EDX przeprowadzono w celu określenia składu pierwiastkowego zregenerowanych zużytych mas bielących.

3.6.4 Spektrometria masowa w plazmie sprzężonej indukcyjnie (ICP-MS)

Pomiary ICP-MS przeprowadzono w celu określenia niektórych pierwiastków nieorganicznych obecnych w zregenerowanych ziemiach bielonych i komercyjnym Zeolitu A. Pomiary przeprowadzono przy użyciu Agilent ICP-MS serii 7500.

Wysuszone próbki (0,5 grama) zostały przetrawione z użyciem 6 ml 65% mas. kwasu azotowego i 2 ml 30% mas. nadtlenku wodoru w komorze fermentacji mikrofalowej. Przetrawiony roztwór przed analizą w ICP-MS został rozcieńczony w 50 ml kolbie pomiarowej z 2% masą HNO3. W trakcie analizy wykorzystano pięć punktów kalibracji.

3.6.5 Gęstość zaludnienia, porowatość łoża i pozorne zagęszczenie

Poniższą procedurę zastosowano do określenia gęstości nasypowej, porowatości złoża oraz gęstości pozornej adsorbentów wodnych. Znana masa adsorbentu wodnego została wypełniona do 2 ml kreski 10 ml cylindra pomiarowego. Cylinder pomiarowy z adsorbentem został delikatnie uderzony. Gęstość nasypową obliczono, dzieląc masę próbki przez objętość zajętą.

Do pomiaru porowatości złoża użyto glikolu polietylenowego 600 (PEG 600) jako medium wypierającego. Cylinder pomiarowy o pojemności 10 ml został wypełniony PEG 600 do 3,5 ml kreski. Następnie 2 ml adsorbentu o znanej masie wlać do cylindra miarowego zawierającego 3,5 ml PEG 600. Przemieszczona objętość była objętością pozorną (bez pustej przestrzeni) stałego adsorbentu. Dlatego też gęstość pozorną adsorbentu obliczono, dzieląc masę z pozorną objętością adsorbentu.

Objętość pustki złożowej obliczono odejmując objętość nasypową od objętości pozornej ciała stałego. Dlatego pustkę złoża określono dzieląc objętość pustki złoża przez jego objętość objętościową.

3.7 Dehydratacja mieszaniny etanolu i wody przy użyciu syntetycznego adsorbentu wodnego

Doświadczenie przeprowadzono w celu zbadania zdolności adsorbentu wodnego do wysuszenia mieszaniny azeotropowo-etanolowo-wodnej do > 99% mas. Około 30 gram zsyntetyzowanego adsorbentu wodnego o znanym poborze wody zostało wypełnione do szklanej kolumny o średnicy około 1 cm i długości około 30 cm. Urządzenie było jak na rysunku 3.2.

Szklana kolumna z adsorbentem wodnym była podgrzewana w temperaturze 220°C przez noc w celu usunięcia pozostałej wody. Po jednej nocy, spakowana szklana kolumna łóżka została schłodzona w eksykatorze, a następnie przymocowana do trzykarbowej okrągłej kolby dolnej. Wewnątrz trzykarbowej kolby dolnej znajdowało się 250 mL mieszaniny azeotropów z wodą etanolową (95,8% mas. etanolu). Okrągła kolba z trzema szyjami była na płaszczu grzewczym. Skraplacz został przymocowany na wylocie z kolumny szklanego łoża w celu skroplenia pary wodnej wydobywającej się z kolumny szklanego łoża. Skondensowana para została zebrana w odbiorniku.

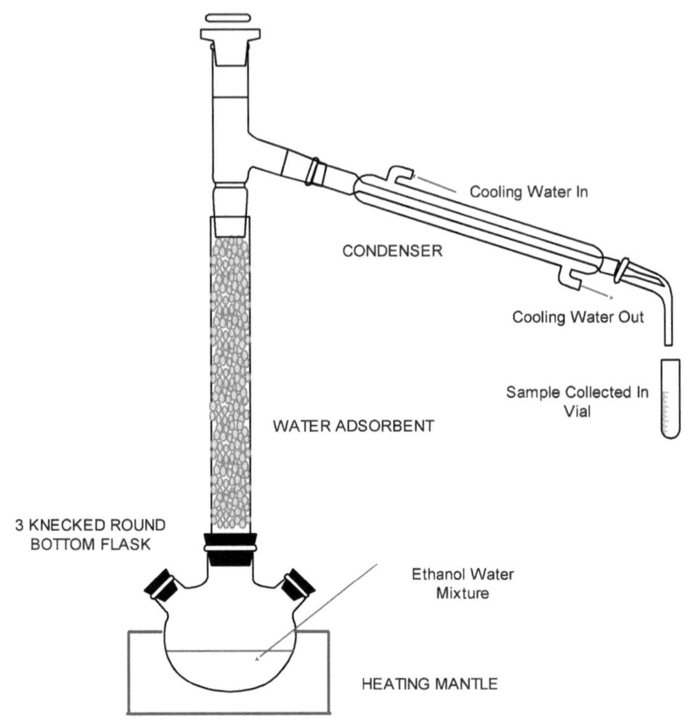

Rys. 3.2 Schematyczny schemat odwodnienia aparatury do mieszania wody z alkoholem etylowym.

Płaszcz grzewczy został uruchomiony przy wcześniej ustalonej mocy grzewczej (1, 3 i 5). Próbka (około 1 ml) była pobierana w pierwszej minucie i co 3 minuty przez około 1 godzinę w fiolkach. Kroki zostały powtórzone trzy razy i powtórzone dla adsorbentu wody handlowej (zeolit 3A).

Analizę stężenia wody w próbkach przeprowadzono przy użyciu titratora Karla Fischera (Metrohm, 870 KF Titrino Plus), jak opisano w punkcie 3.5. Wykreślono krzywe odwodnienia mieszaniny etanolu i wody w zależności od czasu.

3.8 Instytucje i krzywa odwodnienia Model mieszaniny etanol-woda

Badania izotermiczne prowadzono dla wody syntetyzowanej i handlowej adsorbentowanej w temperaturze pokojowej i 75°C przy różnym stężeniu wody w etanolu. Następnie zsyntetyzowany i komercyjny adsorbent wodny został użyty do odwodnienia mieszaniny azeotropowej wody etanolowo-wodnej w stołowej aparaturze adsorpcyjnej partii w celu uzyskania krzywych odwodnienia.

3.8.1 Inne właściwości wody w mieszaninie etanol-woda Onto Adsorbent

Znaną masę adsorbentu wodnego (adsorbent wodny syntetyzowany ze zużytej ziemi bielonej i handlowego zeolitu 3A) wypełniono do fiolek o pojemności 1,5 ml. Wszystkie fiolki z adsorbentami wodnymi były suszone w temperaturze 220°C przez 1 godzinę w piecu. Suszone adsorbenty wodne były schładzane w eksykatorach po 1 godzinie. Przygotowano etanol o różnym stężeniu wyjściowym wody w zakresie od 0,9% mas. do 26,3% mas. Znana masa przygotowanego etanolu o różnym stężeniu początkowym została wypełniona do fiolki adsorbentem suchej wody. Fiolki były zapieczętowane swoimi czapkami i potrząsane 10 razy. Fiolki były wyrównywane przez 1 godzinę przed pobraniem próbek i analizowane za pomocą titratora Karla Fischera pod kątem stężenia wody i wody adsorbowanej przez adsorbent, jak opisano w punkcie 3.5. Eksperymenty zostały powtórzone trzy razy w temperaturze otoczenia i 75°C. Pobrano i wykreślono dane o stężeniu wody w mieszaninie i adsorbowanej wodzie w przeliczeniu na masę adsorbentu w stanie równowagi. Średnie dane doświadczalne zostały porównane i dopasowane do modelu Langmuira, Freundlicha, Dubinina-Kaganera-Radushkevicha (DKR) i Temkina (odpowiednio równania 3,2, 3,3, 2,7 i 2,9). Dopasowanie danych doświadczalnych zostało przeprowadzone przy użyciu oprogramowania Polymath 5.0.

$$q_e = \frac{q_o K_L c_e}{1 + K_L c_e} \qquad 3.2$$

$$q_e = K_F c_e^{1/n} \qquad 3.3$$

$$q_e = q_s \exp(-k_{ad}\varepsilon^2) \qquad 2.7$$

$$q_e = B\ln(K_T c_e) \qquad 2.9$$

W równaniu Langmuira3.2, qo i KL były odpowiednio pojemnością adsorpcyjną i stałą Langmuira. W równaniu Freundlicha 3.3, KF i n były stałą Freundlicha. W równaniu DKR 2,7 qs to maksymalna adsorpcja sorbatu i kad w stałej związanej z adsopcją energii swobodnej. Parametrem ε jest potencjał Polanyi podany przez:

$$\varepsilon = RT\ln\left(1 + \frac{1}{c_e}\right) \qquad 2.8$$

R to stała gazowa 8,314 J/mol.K, a T to temperatura w Kelwinie. W równaniu Temkina 2.9, B = RT/b, w którym B jest stałą Temkina odnoszącą się do ciepła adsorpcji, a K_T jest stałą równowagi, która jest maksymalną energią wiązania.

3.8.2 D krzywe odwodnienia i model mieszaniny etanolu z wodą Onto Adsorbent

Model Yoon i Nelson jest podany za pomocą następującego wzoru

$$t = \tau + \frac{1}{k'} \ln\left(\frac{C_b}{C_i - C_b}\right) \qquad 2.11$$

Aby model mógł być oceniany przy użyciu oprogramowania Polymath 5.0, został on przeorganizowany w następujący sposób

$$C_b = \frac{C_i \exp(k'(t-\tau))}{1+\exp(k'(t-\tau))} \qquad 3.4$$

Cb było stężeniem wody w produkcie (ujście kolumny), C_i było początkowym stężeniem wody w nieruchomej wodzie, t było odstępem czasu do pobrania próbki, k' i było τ stałe dla równania. Dane przełomowe z sekcji 3.7 (dane dotyczące stężenia etanolu w produkcie w stosunku do czasu) zostały dopasowane do równania 3.4 przy użyciu oprogramowania Polymath 5.0. W tej pracy wartość stałych k', τ oraz C_i zostały obliczone przez oprogramowanie.

CHAPTER 4

WYNIKI I DYSKUSJA

4.1 Wprowadzenie

W tym rozdziale przedstawiono i omówiono wyniki badań przesiewowych w celu znalezienia odpowiedniej metody produkcji adsorbentu wodnego. Przy użyciu odpowiedniej metody badano, prezentowano i omawiano zmienne lub czynniki wpływające na pobór wody, stosując technikę One Variable-at-a-time (OVAT), po której następowało strukturalne wielopoziomowe projektowanie czynnikowe eksperymentu (DOE). Eksperymenty z izotermą przeprowadzono dla wody syntetyzowanej i handlowej adsorbentowanej w temperaturze pokojowej i 75°C. Wreszcie, zsyntetyzowany i komercyjny adsorbent wodny został użyty do odwodnienia mieszaniny azeotropów etanolu i wody w adsorpcyjnej aparaturze adsorpcyjnej w skali stołowej, tworząc krzywe odwodnienia mieszaniny etanolu i wody. Przedstawiono i omówiono również wyniki analizy charakterystyki dla wybranych surowców oraz próbek adsorbentu wodnego syntetyzowanego, takich jak XRD, FESEM-EDX, ICP-MS, powierzchnia oraz pomiar porowatości.

4.2 Skreening metod produkcji adsorbentu wodnego

Istnieją różne metody wytwarzania adsorbentów wodnych, w szczególności zeolitu A, jak opisano w rozdziale 2. Podjęto wysiłki w celu znalezienia odpowiedniej metody produkcji twardego i spójnego adsorbentu wodnego. Wiele metodologii zostało przetestowanych, ale tylko trzy zostały przedstawione do tej tezy. Metodologie te zostały wybrane na podstawie dostępności sprzętu, surowców i ograniczeń finansowych. W tabeli 4.1 przedstawiono wyniki adsorpcji syntetycznej wody przy użyciu trzech różnych metod. Metoda 1 została oparta na Hadenie *i in.* (1961). Zmodyfikowaną metodą fuzji była metoda 2, a metodę 3 - metoda fuzji, po której przeprowadzono leczenie hydrotermiczne.

Tabela 4.1 A adsorpcja adsorbentów wodnych produkowanych metodą 1, 2 i 3

Metoda	**1**	**1**	**2**	**3**	**3**	**3**
Początkowe stężenie wody, %wt	10.040	10.040	10.778	4.188	4.188	4.188
Końcowe stężenie wody, %wt	10.152	10.650	6.226	4.288	3.846	4.113
%wt Redukcja	-1.116	-6.076	42.234	-2.381	8.159	4.191

Wyniki wykazały, że adsorbenty 1 i 3 nie były w stanie adsorbować wody z mieszaniny etanolu z wodą. Widać to na podstawie początkowego i końcowego stężenia wody w mieszaninie etanolu z wodą oraz procentowej redukcji z tabeli 4.1. Ujemna redukcja o % wskazuje, że produkty nie były w stanie adsorbować wody. Adsorbent metody 2 pokazuje, że był w stanie adsorbować wodę poprzez obniżenie stężenia wody z 10,778% masy do 6,226% masy, czyli 42,234% masy obniżenia zawartości wody w mieszaninie etanol-woda. Metoda 2 była zmodyfikowaną metodą syntezy, z KOH jako aktywatorem, została uznana za zdolną do wytwarzania adsorbentu wodnego.

Aby sprawdzić spójność metody 2 (zmodyfikowanej metody syntezy) w produkcji adsorbentu wodnego, jako źródło krzemionki użyto kaolinu i zużytej ziemi wybielającej (SBE). Dodano tlenek glinu, aby osiągnąć stosunek krzemionki do tlenku glinu na poziomie 1,1 (Haden *i in.* , 1961). Stosunek Si/Al znacznie wpływa na rodzaj produkowanego adsorbentu wodnego. Tanaka i Fuuji (2009) podały, że czysty zeolit A został wyprodukowany z popiołu lotnego z węgla, gdy stosunek krzemionki do tlenku glinu wynosił 1,0. Purnomo *i wsp.* (2012) stwierdzili, że czysty zeolit A może być produkowany z popiołu lotnego z wytłoków z bagazu, gdy stosunek krzemionki do tlenku glinu wynosi 1≤. Na SBE przeprowadzono analizę FESEM-EDX w celu określenia składu tlenku glinu i krzemu. Wyniki analizy przedstawiono w tabeli 4.2. Odchylenia zawartości aluminium (Al) i krzemu (Si) były dość duże (3,74% mas. i 7,59% mas.). Obliczona średnia zawartość masy tlenku glinu (Al2O3) wynosiła 6,16%wt, a obliczona średnia zawartość krzemionki (SiO2) 74,53% mas. w regenerowanym SBE. Na podstawie tych wyników należy dodać 60 gram korundu na każde 100 gram regenerowanego SBE (60 g korundu/100 g kaolinu), aby uzyskać stosunek krzemionki do korundu 1,1.

Tabela 4.2 Analiza FESEM-EDX krzemionki i korundu w regenerowanym SBE

	Próbka 1 (% masy)	**Próbka 2 (% masy)**	**Próbka 3 (% masy)**	**Próbka 4 (% masy)**	**Ave (% masowy) %)**	**Std Dev**
O	53.56	53.30	52.74	52.03	52.91	0.68
Al	1.56	1.18	8.86	1.44	3.26	3.74
Si	36.90	40.88	23.69	37.66	34.78	7.59
			Ave. Alumina, Al2O3		6.16	% mas
			Ave. Krzemionka, SiO2		74.53	% mas

Do syntezy zeolitu typu A można użyć kilku promotorów lub aktywatorów. Według Hadena *i in.* (1961) istnieje kilka rodzajów sit molekularnych, takich jak 3A, 4A i 5A. Typ 3A to zeolit potasowy odwodniony, typ 4A to zeolit sodowy odwodniony, a typ 5A to zeolit wapniowy odwodniony. Franks F. (1989) podał, że pospolite zeolity 3A, 4A i 5A są zeolitami typu A o kationach odpowiednio K12, Na12 i Ca45Na3. Wymiary kationu K, kationu Na i kationu Ca wynosiły odpowiednio 1,52 Å, 1,16 Å i 1,14 Å. Zmieniając ilość jonów kationowych, wielkości ubytków będą się różnić, zmieniając tym samym właściwości uwodnienia zeolitu. Dielektryczne właściwości wody w różnych sztucznych zeolitach są uważane za niskie, co oznacza, że w wodzie znajduje się mniej kationów lub anionów. Woda adsorbowana w zeolitach jest uwięziona w dużych mikropoolach wody w jamie i klatkach. W przeciwieństwie do innych glin i struktur warstwowych, woda nawadniająca zeolit jest tracona w sposób ciągły podczas ogrzewania, a nie etapami w różnej temperaturze. Tak więc ich izotermy są ciągłe, a nie stopniowe jak w przypadku glin. Al-Asheh *et al.* (2004) badali rozdzielanie mieszanin etanol-woda przy użyciu komercyjnych sit molekularnych typu 3A, 4A i 5A. Krzywe dehydratacji sorpcji wody przy różnej zawartości wykazały, że typ 3A daje najlepszą separację. Stwierdzono, że sita molekularne typu 3A mają największą powierzchnię i największą wartość poboru wody. Dlatego też KOH został wybrany jako promotor na resztę eksperymentu. Foletto *i wsp.* (2009) stwierdzili również, że KOH potrafi lepiej rozpuszczać tlenek glinu i krzemionkę niż NaOH.

Metoda 2 (zmodyfikowana metoda syntezy) została powtórzona dla źródła krzemionki z kaolinu i zużytej ziemi bielonej (SBE). Tabela 4.3 pokazuje, że woda może być adsorbowana przez adsorbent syntetyzowany z kaolinu i SBE w jednostce grama wody adsorbowanej na gram adsorbentu z mieszaniny etanol-woda. Adsorbcja wodna dla 50 g tlenku glinu/100 g materiału była lepsza (0,0303 g H2O/g adsorbentu) niż 30 g dodanego tlenku glinu/100 g kaolinu (0,0145 g H2O/g adsorbentu), co może wynikać z niejednakowego rozkładu zawartości kaolinu. Wyniki przedstawione w tabeli 4.3 pokazują również, że w wyniku zmodyfikowanego fuzji udało się wytworzyć wodny adsorbent z SBE (0,0245 i 0,0156 g H2O/g adsorbentu). Dla porównania, handlowy zeolit 3A był w stanie adsorbować 0,0373 g H2O/g adsorbentu z mieszaniny etanolu i wody. Wyniki pokazują również, że kaolin wytworzył lepszy adsorbent wodny w porównaniu z SBE. Może to być spowodowane większymi zanieczyszczeniami w SBE, takimi jak żelazo i wapń (Anuwattana i Khummongkol, 2009). Zawartość żelaza w SBE wynosiła 1,63% mas., a w kaolinach 0,68% mas. na podstawie wyników FESEM-EDX. Ponieważ wiele prac badawczych zostało przeprowadzonych z wykorzystaniem kaolinu jako surowca, w pozostałej części badań SBE został wybrany jako surowiec do produkcji adsorbentu wodnego. Wyniki te wykazały, że adsorbent wodny może być syntetyzowany z SBE przy użyciu zmodyfikowanej metody syntezy.

Tabela 4.3 Adsorbent wodny zaadsorbowany przez adsorbent wodny syntetyzowany z kaolinu i SBE przy użyciu zmodyfikowanej metody syntezy (metoda 2)

Materiał	Dodano tlenek glinu, g tlenek glinu/ 100 g materiału	Adsorpcja wody, g H20/g adsorbent
Kaolin	30	0.0145
Kaolin	50	0.0303
SBE	60	0.0245
SBE	60	0.0156
Zeolit handlowy 3A	-	0.0373

4.3 Calcination Temperature Determination of Spent Bleaching Earth (SBE)

Eksperyment ten został przeprowadzony w celu określenia najbardziej odpowiedniej temperatury do usuwania substancji organicznych, takich jak olej ze zużytej ziemi wybielającej (SBE), zanim zostanie ona przekształcona w materiał adsorbujący wodę. Temperatura ta była znana jako temperatura regeneracji. Na rysunku 4.1 przedstawiono wyniki termicznej analizy grawimetrycznej próbek SBE w temperaturze 650°C, 750°C i 850°C w powietrzu. Temperatury początkowe wynosiły 242,92°C, 243,40°C i 242,70°C, a początkowe odpowiednio 653,83°C, 720,64°C i 731,89°C. Temperatura początkowa była temperaturą, w której zaczynały się rozkładać substancje organiczne, takie jak trójglicerydy, fosfolipidy, wolne kwasy tłuszczowe i mydła, substancje barwiące i drobne składniki olejowe. Temperatura końcowa była temperaturą, w której substancja organiczna uległa rozkładowi. Temperatura końcowa 731,89oC odpowiadała 39,02% utraconej masy, co było zgodne z Maes and Dijkstra (1993) oraz Boey *et al.* (2011). Temperatura końcowa 720,64oC była w stanie zredukować masę organiczną do 39,41% mas.

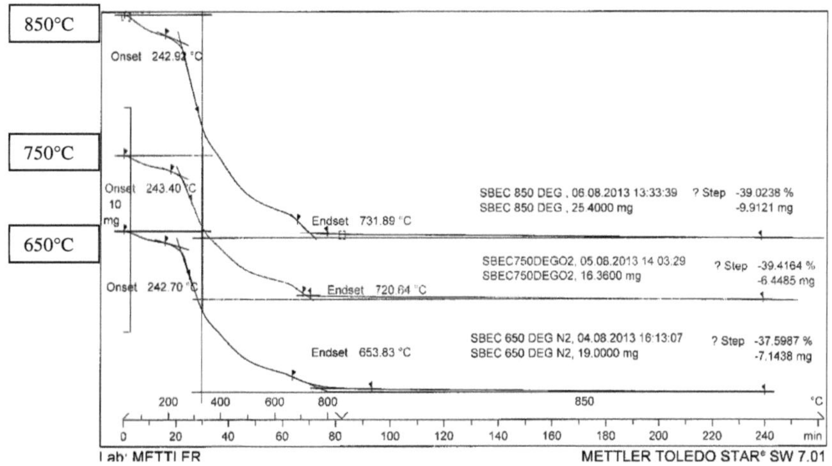

Rys. 4.1 Termiczna analiza grawimetryczna próbek SBE w temperaturach kalcynacji 650oC, 750oC i 850oC

Temperatura końcowa 653,83oC była w stanie zredukować masę organiczną tylko do 37,60% masy. Największy ubytek masy nastąpił przy temperaturze końcowej 720,64% masy, a więc przy temperaturze kalcynacji 750oC. W związku z tym sugerowana temperatura do regeneracji SBE wynosiła 750°C dla pozostałej części badania. Maes i Dijkstra (1993) zaproponowały temperaturę regeneracji od 350°C do 700°C. W Abd Wafti *et al.* (2011) regeneracja zużytej ziemi wybielającej została przeprowadzona w temperaturze od 400°C do 1000°C przez 1 godzinę.

4.4 Synteza adsorbentu wodnego pochodzącego ze zużytej ziemi wybielającej

W tej sekcji zbadano sześć zmiennych (czynników) wpływających na pobór wody lub adsorbcję (reakcję) wody przez zsyntetyzowaną formę adsorbentu wodnego zużytą na bielenie ziemi. Zastosowano konwencjonalną technikę "one variable-at-a-time" (OVAT). Do sześciu zmiennych dodano tlenek glinu, czas leżakowania, temperaturę leżakowania, dodano KOH, wodę i temperaturę topnienia. Później, zmienne wpływające na wodę adsorbowaną przez zsyntetyzowany adsorbent wodny były dalej badane przy użyciu projektu eksperymentu (DOE) w celu określenia głównego efektu i oddziaływania zmiennych na odpowiedź. Poziomy wskaźników DOE zostały wybrane na podstawie wyników OVAT.

4.4.1 Wpływ dodanego tlenku glinu na adsorbent wody syntetyzowanej

Doświadczenie to przeprowadzono w celu określenia najlepszego stosunku wagowego tlenku glinu dodawanego do materiału wyjściowego, aby uzyskać najlepszy adsorbent wodny. Stosunek Si/Al silnie wpłynął na rodzaj produktu syntezowanego z kaolinu (Rios *i in.* , 2009), popiołu lotnego (Tanaka i Fujii, 2009) lub prekursora glinianu sodu/krzemianu sodu (Kosanovic *i in.* 2011).

Rysunek 4.2 przedstawia histogram wpływu dodatku tlenku glinu do średniej wody adsorbowanej przez adsorbent syntetyzowany z SBE. Zastosowana temperatura topnienia wynosiła 650°C, czas leżakowania został ustalony na 5 dni w temperaturze 80°C, z dodatkiem wody, aby uzyskać 50% mas KOH w wodzie. Z histogramu wynika, że najlepsza masa dodawanych korundów wynosiła 80 g korundu na 100 g materiału. Adsorbent wykorzystujący tę wartość, stopiony w temperaturze 650°C, starzony w temperaturze 80°C przez 5 dni, był w stanie adsorbować ponad 0,02 grama wody na gram adsorbentu w porównaniu z 40, 60, 70, 90 i 100 g korundu na 100 g materiału. Wynik ten pokazał, że nadmiar lub brak korundu nie był w stanie wytworzyć dobrego adsorbentu wodnego.

Dodano tlenek glinu, ponieważ stosunek Si/Al wpływa na rodzaj adsorbentu wodnego, zwłaszcza zeolitu A. Tanaka i Fujii (2009) zsyntetyzowały zeolit A z popiołów lotnych węgla. Stwierdzili, że jednofazowy czysty zeolit A otrzymano przy stosunku SiO2/Al2O3 wynoszącym 1,0. Przy stosunku SiO2/Al2O3 = 0,5 zeolit A był nadal obecny ze śladową ilością hydroksysodalitu. Przy SiO2/Al2O3≥ 2 zaczął się pojawiać zeolit Na-X, a przy SiO2/Al2O3 = 4,5 powstała jednofazowa Na-X. Kosanovic *i wsp.* (2011) użyli SiO2/Al2O3 w zakresie od 1,0 do 2,2 do syntezy zeolitu z glinianu sodu i krzemianu sodu, stosując metodę hydrotermicznej obróbki hydrożelu. Wytworzony zeolit był typem zeolitu A o różnych formach morfologicznych. Purnomo *i wsp.* (2012) badali syntezę zeolitu z popiołów lotnych z bagazu metodą ekstrakcji krzemianowej, a następnie poddali ją obróbce hydrotermicznej. Stwierdzono, że czysty zeolit X może być produkowany przy stosunku Si/Al wynoszącym 1,8. W stosunku większym niż 1,8 utworzono Na-X i Na-P. Przy niższym stosunku, który wynosi mniej niż 1,8, powstał zeolit Na-A plus Na-X, a czysty Na-A może być produkowany przy użyciu Si/Al 1≤. Fotovat *i in.* (2009) stwierdzili, że gdy stosunek Si/Al wynosił mniej niż 2,0, produkowano zeolit Na-A. Kiedy stosunek Si/Al wynosił od 2,0 do 2,4, produktem był głównie zeolit Na-X, a kiedy stosunek Si/Al wynosił od 2,4 do 4,1, produktem dominującym był zeolit Na-Y. Materiał zeolityczny produkowano z popiołu lotnego metodą stapiania z użyciem proszku

NaOH w temperaturze 600°C, dodawanego wraz z tlenkiem glinu, starzonego przez 8 godzin z mieszaniem w temperaturze pokojowej i poddawanego krystalizacji hydrotermicznej przez 12 godzin.

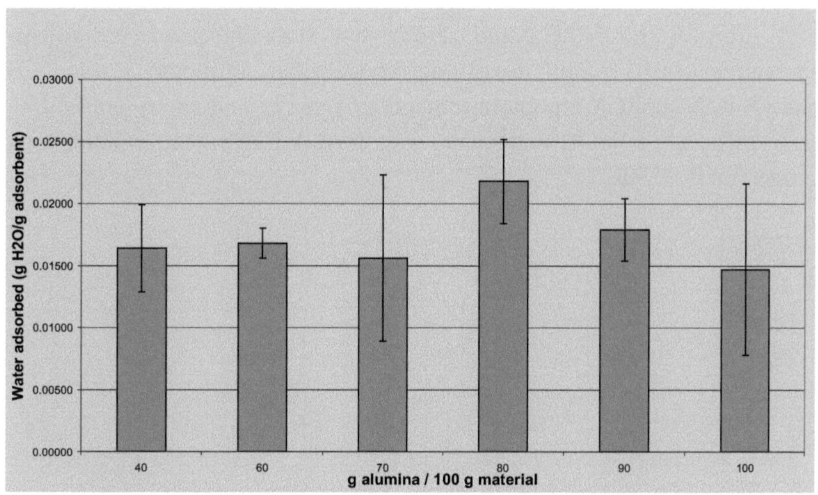

Rysunek 4.2 Histogram wpływu dodatku tlenku glinu do średniej wody adsorbowanej przez adsorbent syntetyzowany z SBE w temperaturze topnienia 650°C, czasie starzenia 5 dni i temperaturze starzenia 80°C.

Trend tych wyników pokazał, że najlepszy dodawany korund to około 80 g korundu na 100 g materiału. Jednakże analiza statystyczna przy użyciu metody wielokrotnego porównania Tukeya wykazała, że żadna ze środków nie różni się statystycznie, ponieważ wszystkie przedziały ufności zawierają zero. Dlatego też w następnym podrozdziale przeprowadzono dalsze eksperymenty wykorzystujące konstrukcję metody eksperymentalnej.

4.4.2 Wpływ czasu starzenia na adsorbent wody syntetyzowanej

Rysunek 4.3 to histogram wpływu czasu starzenia na średnią wodę adsorbentowaną przez adsorbent syntetyzowany z SBE w temperaturze topnienia 650°C, z dodatkiem tlenku glinu 80 g/100 g i temperaturą starzenia 80°C. Woda została dodana, aby uzyskać 50% masy KOH w wodzie. Histogram pokazał, że najlepszy czas dojrzewania do wytworzenia najlepszego adsorbentu wodnego to 5 dni. Starzenie się było procesem tworzenia zarodkowania, zanim doszło do krystalizacji. Trudno było porównać czas starzenia się tego eksperymentu z innymi badaczami ze względu na odmienność metod syntezy i surowców wyjściowych. Haden *i in.* (1961) wykorzystali 96-godzinny czas starzenia przy syntezie zeolitu A z kaolinu. W ich pracy wymieszano 60 części wagowych kaolinu i dokładnie wymieszano z 43,2 części wagowych roztworu NaOH o masie 50% i uformowano w granulki. Pellet był starzony przez 96 godzin w temperaturze 100°F zanim doszło do krystalizacji. Purnomo *i wsp.* (2012) zsyntetyzowali zeolit A z popiołu lotnego z bagassy. Uziemiony popiół lotny z bagazu zmieszano z NaOH w stosunku wagowym 1:1,2 i przez 1 godzinę topiono w temperaturze 773 K.

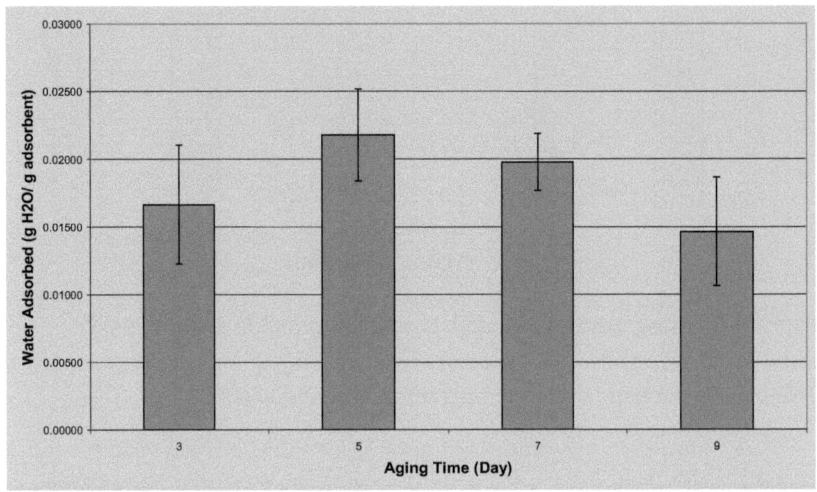

Rysunek 4.3 Histogram wpływu czasu starzenia na średnią wodę adsorbowaną przez adsorbent syntetyzowany z SBE w temperaturze topnienia 650°C, z dodatkiem tlenku glinu 80 g/100 g i temperaturą starzenia 80°C.

Wytopiony produkt był mielony i mieszany z 5 częściami zdejonizowanej wody i mieszany przez 2 godziny. Wysoka zawartość krzemionki w supernatancie była mieszana z glinianem sodu i starzona przez 60 minut z mieszaniem przed krystalizacją. Rios *i wsp.* (2012) starzeli swoje hydrożele w warunkach statycznych przez 24 godziny. W ich eksperymencie kaolin był mieszany z NaOH i topiony przez 1 godzinę w temperaturze 600°C. Stopiony produkt został zmielony i zmieszany z wodą destylowaną w celu utworzenia amorficznego prekursora w warunkach mieszania. Hydrożeli starzono przez 24 godziny, zanim doszło do reakcji hydrotermicznej.

Trend tych wyników pokazał, że najlepszy czas dojrzewania to 5 dni. Jednakże analiza statystyczna przy użyciu metody wielokrotnego porównania Tukeya wykazała, że żadna ze środków nie różni się statystycznie, ponieważ wszystkie przedziały ufności zawierają zero. Dlatego też w następnym podrozdziale przeprowadzono dalsze eksperymenty wykorzystujące konstrukcję metody eksperymentalnej.

4.4.3 Wpływ temperatury starzenia na adsorbent wody syntetyzowanej

Rysunek 4.4 przedstawia wynik dla wpływu temperatury starzenia na wodę adsorbentu syntezowanego z SBE w temperaturze topnienia 650°C, z dodatkiem tlenku glinu 80 g/100 g i czasem starzenia wynoszącym 5 dni. Woda została dodana, aby uzyskać 50% masy KOH w wodzie.

Wyniki pokazały, że najlepsza temperatura dojrzewania do uzyskania najlepszego adsorbentu wodnego to 80°C. Temperatura starzenia 40°C i 60°C była jeszcze niska, aby utworzyć zarodkowanie, które prowadziło do krystalizacji adsorbentu wodnego. Wyniki były sprzeczne z Hadenem *i in.* (1961). W ich raporcie sugerowana temperatura starzenia się wynosiła od 21°C do 46°C, najlepiej 38°C. Spodziewano się, że temperatura starzenia się powyżej 52°C spowoduje powstanie sodalitu. Surowcem do syntezy adsorbentów wodnych był jednak kaolin. Niewiele badań kładzie nacisk na temperaturę starzenia się. Niektóre z zastosowanych metod nie mają wyraźnych etapów starzenia się. Ojha *i wsp.* (2004) syntetyzował zeolit typu X z popiołów lotnych z węgla. Stosując technikę fuzji zasadowej, po której następuje obróbka hydrotermiczna. W syntezie starzenie odbywało się bez mieszania w temperaturze 90°C przez 6 godzin, zanim doszło do krystalizacji. Rios *i wsp.* (2009) badali przemianę kaolinitu w zeolit LTA metodą konwencjonalnej syntezy hydrotermicznej i zasadowej, a następnie syntezy hydrotermicznej.

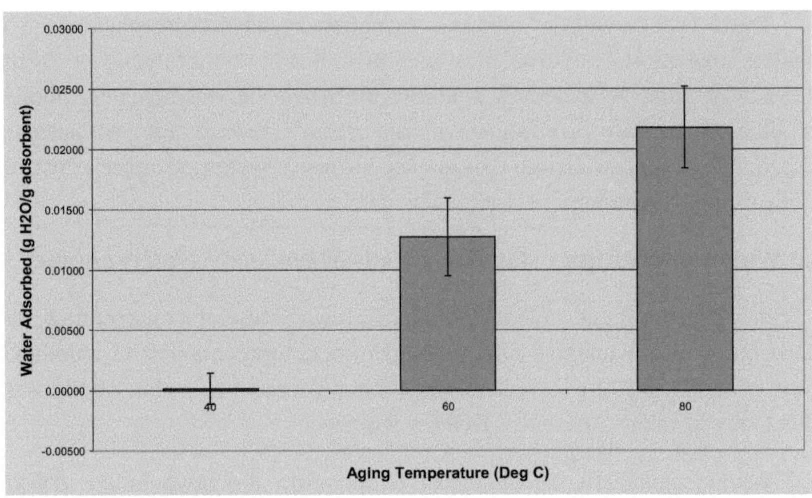

Rysunek 4.4 Histogram wpływu temperatury starzenia na średnią wodę adsorbentowaną przez adsorbent syntetyzowany z SBE w temperaturze topnienia 650°C, z dodatkiem tlenku glinu 80 g/100 g i czasem starzenia 5 dni.

Za pomocą drugiej metody (fuzja zasadowa, po której nastąpiła reakcja hydrotermiczna) kaolinit został przekształcony w zeolit LTA. W drugiej metodzie zmieloną mieszaninę stopionego kaolinu, NaOH, dodawano do wody destylowanej i mieszano w temperaturze pokojowej przez 5 godzin 30 minut, a następnie krystalizowano w autoklawie wyłożonym PTFE. Fotovat *i in.* (2009) wykorzystali wysokokrzemowy popiół lotny (HSFA) jako źródło krzemu przy syntezie zeolitów Na-A, Na-X i Na-Y poprzez syntezę alkaliów, a następnie obróbkę hydrotermiczną w temperaturze 100°C przez 12 godzin. Stopiony HSFA z proszkami NaOH został zmieszany z wodą i NaAlO2. Gnojowicę starzono przez 8 godzin, mieszając ją w temperaturze pokojowej i pod ciśnieniem otoczenia. Tanaka i Fuuji (2009) wytworzyły czystą formę zeolitów Na-A i Na-X z popiołów lotnych w dwustopniowym procesie. W syntezie mieszaninę popiołu lotnego, NaOH i NaAlO2 starzono w temperaturze 85°C przez 24 godziny bez mieszania.

Analiza statystyczna przy użyciu metody Tukey'a Multiple Comparison wykazała, że wszystkie środki różniły się statystycznie, ponieważ cały przedział ufności nie zawierał zera.

4.4.4 Efekt dodanego KOH na adsorbent wody syntetyzowanej

Na rysunku 4.5. przedstawiono wpływ dodatku KOH do średniej wody adsorbentowanej przez adsorbent syntetyzowany z SBE w temperaturze syntezy 650°C, dodatku tlenku glinu 80 g/100 g, temperatury starzenia 80°C i czasu starzenia 5 dni.

Wyniki wykazały, że najlepszy dodatek KOH wynosił 71% masy materiału (mieszanka SBE i dodanego korundu). Histogram pokazuje, że zbyt duża lub zbyt mała ilość dodanego KOH będzie wytwarzać adsorbent o niskim poborze wody. Haden *i wsp.* (1961 r.) wspomnieli w swoim patencie, że nadmiar zasad (w ich przypadku źródłem zasad był NaOH) powyżej 50% masy nie wytworzy zeolitu A. Rios *i wsp.* (2009 r.) użyli masy kaolinitu/NaOH = 1/1,2 i stopili je w temperaturze 600°C. Stosując metodę stapiania alkalicznego, a następnie obróbki hydrotermicznej, udało im się wytworzyć zeolit A. Purnomo *i wsp.* (2012) zastosowali również w swoich badaniach stosunek popiołu lotnego do NaOH= 1/1,2 do wytworzenia zeolitu A metodą stapiania. Izidiro *i wsp.* (2012) w swoich badaniach stosowali również stosunek 1:1,2 dla popiołu lotnego:NaOH do produkcji zeolitu A i X.

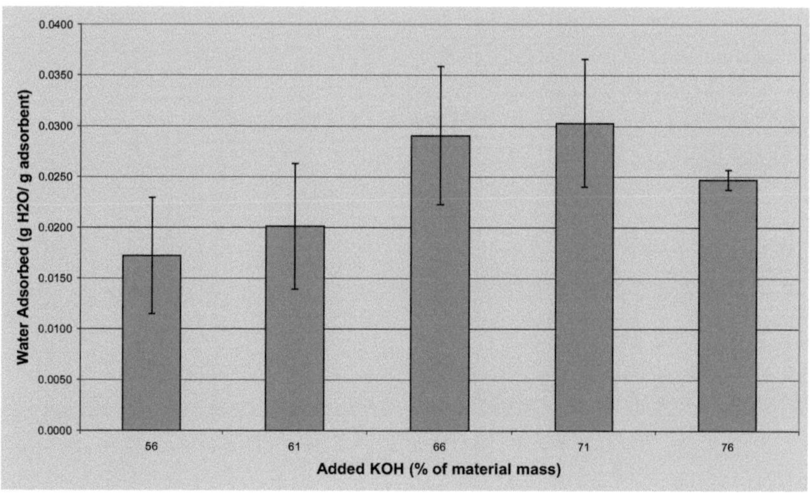

Rysunek 4.5 Histogram wpływu dodatku KOH do średniej wody adsorbowanej przez adsorbent syntetyzowany z SBE.

Wartość dodanego KOH o masie 71% mas. materiału w tym badaniu odpowiadała stosunkowi masy zregenerowanego SBE:KOH = 1:1.27, a wartość dodanego KOH o masie 66% mas. materiału odpowiadała stosunkowi masy zregenerowanego SBE:KOH = 1:1.18.

Jednakże analiza statystyczna z wykorzystaniem metody wielokrotnego porównywania Tukeya wykazała, że żadna ze środków nie różni się statystycznie, ponieważ wszystkie przedziały ufności zawierają zero. Dlatego też w następnym podrozdziale przeprowadzono dalsze eksperymenty wykorzystujące konstrukcję metody eksperymentalnej.

4.4.5 Wpływ temperatury syntezy na adsorbent wody syntetycznej

Rysunek 4.6 przedstawia wpływ temperatury syntezy na średnią wodę adsorbentowaną przez adsorbent do składu 80 g tlenku glinu dodanego na 100 g materiału, w czasie 5 dni starzenia przy temperaturze 80°C z dodatkiem wody, aby uzyskać 50% wagowo KOH w wodzie. Widać było wyraźnie, że temperatura topnienia 550°C jest najlepszą temperaturą do uzyskania adsorbentu o średniej adsorpcji wody 0,0277 ± 0,0040 g H2O/g adsorbentu.

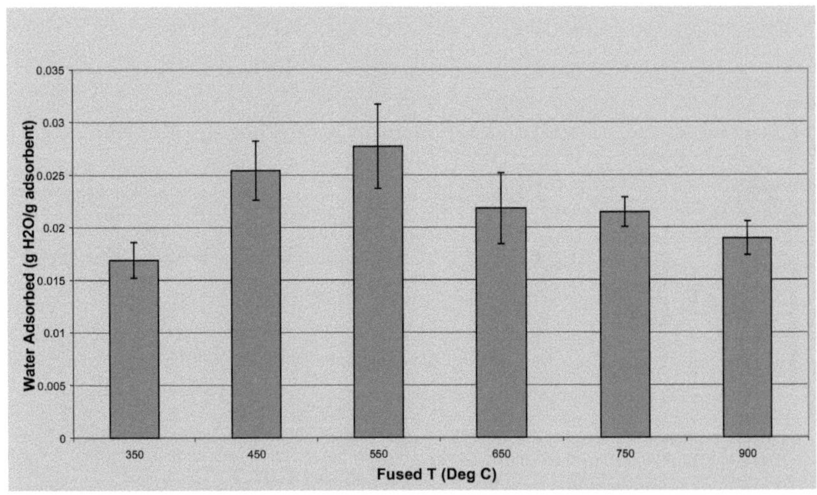

Rysunek 4.6 Histogram wpływu temperatury syntezy na średnią temperaturę wody adsorbowanej przez adsorbent syntetyzowany z SBE.

Niższa temperatura topnienia wynosząca 350°C i wyższa temperatura topnienia nie dawała dobrego adsorbentu wodnego. Według Izidoro *et al.* (2012), kwarc i mulit nie znikały w niższej temperaturze syntezy. Kwarc i mulit to fazy, które nie są w stanie przekształcić się w zeolit A. W wyższej temperaturze fazy w glinie zostały przekształcone w inną fazę spinelu, która nie była stabilna i nie mogła przekształcić się w zeolit (Tavasoli i in., 2014). Kwarc całkowicie zmienił się w glinokrzemian Na wskutek stopienia z NaOH w odpowiedniej temperaturze topnienia. Rios *i wsp.* (2012) sugerowali, że fuzja zasadowa jest bardzo skuteczna w ekstrakcji krzemu i aluminium z kaolinu. Al2O3 i SiO2 z materiałów wyjściowych zostały przetworzone na sole sodowe/potasowe (Na2SiO3 + Na2AlO2).

Klamrassame *i in.* (2010) stwierdzili, że optymalna temperatura syntezy wynosi 450°C. Jednak adsorbent wodny został zsyntetyzowany z popiołów lotnych węgla inną metodą syntezy. Rios *et al.* (2009) łączył kaolin z NaOH w stosunku 1:1.2 w temperaturze 600°C przez 1 godzinę. Stopiony produkt był mielony i rozpuszczany w wodzie (stosunek 1:4,9) w warunkach mieszania, starzony w warunkach statycznych przez 24 godziny, a krystalizacja odbywała się w butelkach z PTFE w temperaturze 100°C przez 24, 48 i 96 godzin. Wzór dyfrakcji XRD wykazał, że produktami były zeolit A. Wyniki tych badań wykazały, że najlepsze temperatury syntezy nie były podobne dla różnych surowców wyjściowych. Może to wynikać z innego składu materiału wyjściowego.

Analiza statystyczna metodą wielokrotnego porównywania Tukeya wykazała, że istniały znaczące różnice temperatur syntezy 350°C, 450°C i 550°C ze względu na ich przedział ufności nie zawierał zera. Analiza statystyczna wykazała, że nie ma istotnej różnicy dla temperatur 550°C, 650°C, 750°C i 900°C, co wskazuje na brak zmian w wodzie adsorbentowanej przez adsorbent wodny syntetyzowany w temperaturze syntezy w temperaturze syntezy 550°C, 650°C, 750°C i 900°C.

4.4.6 Wpływ dodawanej wody na adsorbent wody syntetyzowanej

Przeprowadzono sześć eksperymentów mających na celu zbadanie wpływu wody dodanej do wody adsorbowanej przez syntetyzowany adsorbent wodny. Pierwszy i drugi przebieg był efektem dodania do próbki wody niskiej (35,8% mas.) i wysokiej (65% mas.) z dodatkiem KOH w ilości 56% masy materiału. Niski i wysoki dodatek wody został wybrany na podstawie obserwacji z poprzedniego eksperymentu losowego. Bardzo mała ilość wody utrudnia mieszanie, a duża ilość wody sprawia, że mieszanka jest zbyt cienka i trudna do ukształtowania. Trzeci i czwarty przebieg był efektem dodania do próbki wody niskiej (37,9% mas.) i wysokiej (65% mas.) z dodatkiem KOH o 61% masy materiału. Piąty i szósty przebieg były efektem dodania do próbki wody niskiej (39,6% mas.) i wysokiej (65% mas.) z dodatkiem KOH stanowiącym 66% masy materiału. Na rysunku 4.7 pokazano wpływ dodania wody do wody adsorbowanej przez adsorbent. Eksperymenty te prowadzono w celu uzyskania receptury 80 g tlenku glinu dodawanego na 100 g materiału, w czasie 5-dniowego starzenia, przy temperaturze starzenia 80°C i temperaturze stapiania 650°C.

Woda adsorbowana przez adsorbent wodny dla wszystkich dodanych KOH była wyższa przy wysokim dodatku wody (65% mas.) w porównaniu z niskim dodatkiem wody. Wyniki wykazały, że ilość dodanej wody miała wpływ na działanie adsorbentu wodnego. Jednak w przypadku wysokiego dodatku wody (65% mas.) trend adsorpcji wody zmniejszył się, gdy procent dodawanego KOH został zwiększony. Widać również, że w przypadku niskiego dodatku wody, tendencja wchłaniania wody zwiększyła się wraz ze wzrostem dodawanego KOH. Dlatego też dodatek o wysokiej zawartości wody nadaje się do mieszanek z niskim dodatkiem KOH w celu uzyskania adsorbentu o wysokim poborze wody i nie nadaje się do mieszanek z wysokim dodatkiem KOH. Wyniki te sugerowały, że istnieje interakcyjny efekt dodawania wody i KOH. Do tej pory nie prowadzono badań nad wpływem dodawanej wody na interakcję i dodawanego KOH.

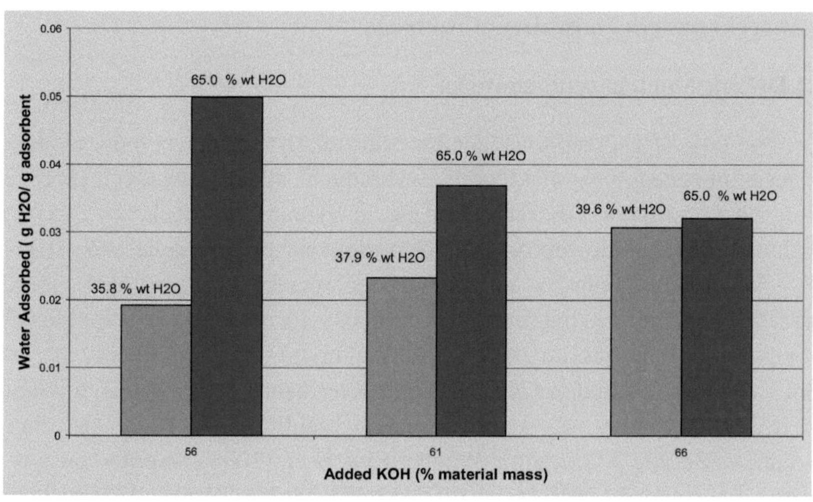

Rysunek 4.7 Histogram wpływu wody dodanej do średniej wody adsorbowanej przez adsorbent syntetyzowany z SBE.

Typowa wartość dodana wody stosowana przez większość badaczy wynosiła 83,3% masy lub stosunek surowca do wody= 1:5 (Rios *i in.* , 2009; Fotovat *i in.* , 2009, Purnomo *i in.* , 2012 oraz Izidiro *i in.* , 2012). Żaden z nich nie używał SBE jako surowca. Wyniki badań Izidiro *i wsp.* (2012) wykazały, że ilość dodanej wody może wpływać na fazę produkcyjną w syntezie zeolitu lub materiałów zbliżonych do zeolitu, a tym samym na pobór wody z produktów.

Działanie wody dodawanej do wody adsorbowanej przez syntetyczny adsorbent wodny badano dalej przy użyciu techniki DOE w sekcji 4.6. W tych eksperymentach materiał został dokładnie wymieszany i uziemiony przy użyciu szlifierki IKA A-11 Basic. Wyjaśniło to różnicę między wodą adsorbowaną w tej sekcji w sekcji 4.4.4 dla tego samego procentu dodanego KOH. Adsorbent wodny wytworzony przy użyciu IKA A-11 Szlifierka podstawowa wykazała przyrost adsorbentu wodnego (0,0499 g H2O/g adsorbentu w porównaniu do 0,0172 g H2O/g adsorbentu dla dodanego KOH o 56% masy materiału).

4.5 Charakterystyka adsorbentu wodnego

4.5.1 Dyfraktometria rentgenowska

Pomiary XRD przeprowadzono w celu zidentyfikowania typów adsorbentu wodnego obecnego w niektórych wybranych syntetyzowanych próbkach. Rysunek 4.8 przedstawia dyfraktogram pięciu wybranych próbek. Krzywa (a) jest dyfraktogramem handlowego zeolitu 3A o zdolności pochłaniania wody 0,0421 g H2O/g adsorbentu. Funkcja automatycznego wyszukiwania w aparacie XRD wskazała, że materiałem był zeolit A (La, Na) o wzorze La7Na75Al96Si96 O384. Wzór dyfraktogramu zeolitu 3A był zgodny z innymi badaczami (Rios *i in.* , 2008; Holmes *i in.,* 2012; Rondon *i in.* , 2103 oraz Keerthana *i in.,* 2014). Dyfraktogram był również zgodny z dyfraktogramem zeolitu 3A w bazie danych InternationalZeolite Association. Według Rios *et al.* (2008), wspólne szczyty dla zeolitu LTA wynosiły 2θ 7,14°, 10,10°, 12,38°, 16,20°, 21,58°, 23,92°, 27,00° i 34,18°. Wyniki wykazały, że urządzenie było dokładne w wyznaczaniu dyfraktogramów wybranych próbek.

Na rysunku 4.9 pokazano dyfraktogramy handlowego zeolitu A (krzywa a), dyfraktogramy adsorbentu wodnego użytego do wyznaczenia krzywej odwodnienia o zdolności pochłaniania wody 0,390 g H2O/g adsorbentu w temperaturze pokojowej (krzywa b) oraz dyfraktogram zregenerowanego SBE (krzywa c). Pewna faza kwarcowa była obecna w zregenerowanym SBE, na co wskazują piki przy 2θ przy 21°, 26,5°, 36,5° i 50° (Belviso *i in.* , 2010 i Tavasoli *i in.* , 2014). Szczyty kwarcowe zniknęły po przekształceniu SBE w adsorbent wodny. Krzywa (b), (c) i (d) na rysunku 4.9 to dyfraktogramy adsorbentu wodnego syntetyzowanego ze zużytej ziemi bielonej o wydajności odbioru wody (temperatura otoczenia) 0,0281, 0,0096 i 0,0222 g H2O/g adsorbentu. Położenie pików na dyfraktogramie w porównaniu z dyfraktogramami komercyjnymi pokazuje, że zsyntetyzowane adsorbenty wodne nie były typem zeolitu A. Krzywa (e) na rysunku 4.8 jest dyfraktogramem adsorbentu wodnego syntezowanego z kaolinu. Ponownie, wyniki wykazały, że adsorbent wodny nie był typem zeolitu A. Dyfraktogram adsorbentu wodnego syntetyzowanego z kaolinu wykazał podobieństwo do dyfraktogramów syntetyzowanego adsorbentu wodnego z SBE. Podobieństwo to sugeruje, że oba adsorbenty wodne zawierają tę samą fazę krystaliczną.

Popularnymi rodzajami zeolitu syntetyzowanego z gliny i popiołu lotnego były zeolit A (Rios *i in.* , 2008; Loiola *i in.* , 2012 oraz Rondon *i in.* , 2013), zeolit X (Shigemoto i Miyaura, 1993; Yusof *i in.* , 2010; Belfiso *i in.,* 2010. , 2010 i

Moneim i Ahmed, 2015), zeolit Y (Yusof *i in.* , 2010 i Tavasoli *i in.* , 2014) oraz zeolit P (Novembre i in. , 2011 i Tavasoli *i in.* , 2014), hydroksysodalit (Belfiso i *in.* , 2010 i Novembre *i in.* 2011), i zeolit ZK-5 (Belviso *i in.* , 2010).

Rios *et al.* (2008) podali, że wspólne szczyty dla zeolitu LTA wynosiły 2θ 7,14°, 10,10°, 12,38°, 16,20°, 21,58°, 23,92°, 27,00° i 34,18°. Z rysunków 4.8 i 4.9 wynika, że żaden z tych wspólnych pików nie występuje w adsorbencie wodnym syntetyzowanym z SBE lub kaolinu. Natomiast szczyty 26,5°, 57,6° i 66,5° były konsystencją szczytów z dyfraktogramu wytworzonego przez komercyjny zeolit A (krzywa a). Według Moneima i Ahmeda (2015), zeolit X i Y różniły się od siebie, ponieważ stosunek krzemionki do tlenku glinu w ich strukturze. Podali, że charakterystyczny szczyt XRD dla zeolitu X wynosił 2θ 6°, 10°, 16°, 23,5°, 27°, 31°, 32° i 37°. Niektóre ze szczytów (6°, 10°, 23,5°, 27°, 31°& 32°) były zgodne z wynikami uzyskanymi przez Belviso et *al.* *(*2010). Wyniki z rysunków 4.8 i 4.9 pokazują, że w próbkach występowały szczyty pod kątem 10°, 27°, 31° i 37°, co wskazuje, że w próbkach może występować pewien zeolit X.

Przybliżone charakterystyki szczytów zeolitu Y podane przez Yusof *et al.* (2010) wynosiły 2θ 6°, 10°, 12°, 15,5°, 17,8°, 20,5°, 23,5°, 27° i 31,5°. Z rysunków 4.8 i 4.9 wynika, że szczyty charakterystyki zeolitu Y występują w temperaturach 10°, 12°, 17,8°, 20,5°, 23,5° i 27°, co wskazuje na obecność w próbce pewnej ilości zeolitu Y.

Tavasoli *i wsp.* (2014) podali, że wspólny szczyt zeolitu P wynosił 2θ 12°, 17,5°, 28°, 34° i 46,5°. Szczyty były przybliżone na podstawie dyfraktogramu w literaturze. Wyniki te były zgodne z wynikami uzyskanymi przez Yusof *et al.* (2010). Przybliżone wartości szczytów zeolitu P z Yusof *et al.* (2010) wynosiły 2θ 12,5°, 17,8°, 21,5°, 28° i 33,5°. Novembre *et al.* (2011) do identyfikacji zeolitu P wykorzystali szczyty 12°. Z rysunków 4.8 i 4.9 wynika, że szczyty charakterystyki zeolitu P znajdowały się w punktach 12.6°, 17.8° i 28°.

Przybliżone wspólne szczyty dla sodalitu zgłoszone przez Belviso *i in.* (2010) wynosiły 2θ z 14°, 24,5° i 34,9°. Przybliżone wartości szczytów sodalitów podane przez Novembre *et al.* (2011) wynosiły 2θ z 14°, 20° i 24°. Z rysunków 4.8 i 4.9 wynika, że szczyty charakterystyki sodalitu, które można znaleźć, były pod kątem 20°. Jednak szczyt pokrywał się z charakterystycznym szczytem zeolitu Y.

Podsumowując, z analizy XRD wynika, że adsorbent wodny syntetyzowany z SBE lub kaolinu nie jest typem czystego zeolitu A.

Dyfraktogramy adsorbentu wodnego wskazują, że adsorbent wodny może składać się z mieszaniny zeolitu A, zeolitu X, zeolitu Y i zeolitu P. Zsyntetyzowany materiał ma zdolność adsorpcji wody.

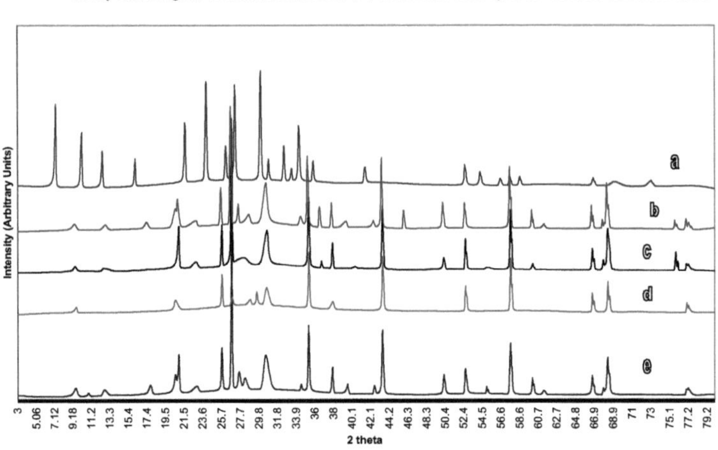

Rysunek 4.8 Dyfraktogramy a) handlowego zeolitu 3A, b), c), d) syntetycznego adsorbentu wodnego z SBE oraz e) syntetycznego adsorbentu wodnego z kaolinu.

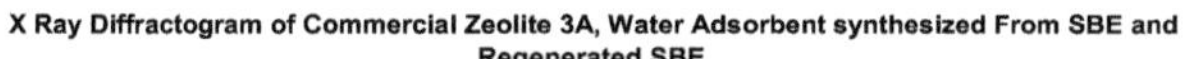

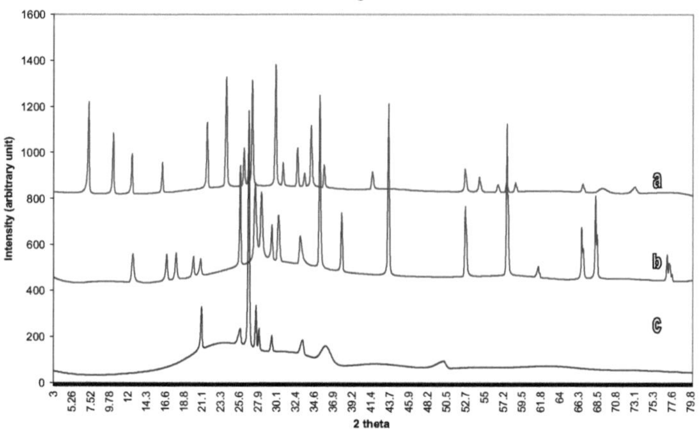

Rysunek 4.9 Dyfraktogramy a) handlowego zeolitu 3A; b) syntetycznego adsorbentu wodnego z SBE oraz c) regenerowanego SBE

4.5.2 Elektronowa mikroskopia skanowania emisji pól (FESEM)

W celu określenia morfologii wybranych próbek przeprowadzono pomiary elektronowej mikroskopii skaningowej FESEM (Field Emission Scanning Electron Microscopy). Na rysunku 4.10. przedstawiono skaningową mikroskopię elektronową komercyjnego zeolitu 3A o poborze wody 0,0391 g H2O/g syntetycznego adsorbentu wodnego z SBE o poborze wody 0,0281 g H2O/g oraz adsorbentu wodnego syntetycznego o bardzo niskim poborze wody 0,0096 g H2O/g. Obraz FESEMU komercyjnego zeolitu 3A nie był zgodny z oczekiwaniami. Obraz FESEM kryształu zeolitu A powinien być kubiczny (Rios *i in.* , 2009; Ismail *i in.* , 2010; Purnomo *i in.* , 2012; Watanabe i *in.* , 2013 oraz Gougazeh i Buhl 2014) lub obcięty kubiczny (Cho *i in.* , 2011; Kosanovic *i in.* , 2011 oraz Musyoka *i in.* , 2012).

Standardowy obraz FESEM kryształu zeolitu A przedstawiono na rysunku 2.1 w rozdziale 2. Nieoczekiwany wizerunek FESEM'u komercyjnego zeolitu A, wynikał z następującego powodu. Próbka zeolitu 3A użyta do analizy FESEM była w postaci granulek o wielkości około 1 mm. Do granulowania zeolitu należy użyć spoiwa, takiego jak glina. Następnie pelet z lepiszczem jest kalcynowany w wysokiej temperaturze w celu związania zeolitu A z lepiszczem. Dlatego wyniki

FESEM granulowanego zeolitu 3A nie wykazały żadnych kryształów sześciennych.

Rysunek 4.10 (b) przedstawia obraz FESEM adsorbentu wodnego o poborze wody 0,0281 g H2O/g adsorbentu, posiadają kilka typów kryształów. Kryształ sześcienny reprezentuje zeolit A, a ośmiościenny kryształ faujasycki zeolit X. Typowy kryształ zeolitu X jest przedstawiony na rysunku 2.2 w rozdziale 2. Wielokrotny blok zeolitu A został przedstawiony na rysunku 2.3 w rozdziale 2.

Na rysunku 4.10 (c) obraz FESEM syntetycznego adsorbentu wodnego o bardzo niskim poborze wody (0,0096 g adsorbentu H2O/g) pokazał fazę amorficzną z nierozwiniętymi kryształami. Nierozwinięty kryształ wyjaśnił niski pobór wody z tej próbki. Temperatura topnienia tej próbki wynosiła 900 °C. Według Tavasoli *i in.* (2014), glina przekształciła się w fazę spinelu, która w wysokiej temperaturze nie może być przekształcona w fazę zeolitu.

. Rysunek 4.11 (a) przedstawia obrazy FESEM adsorbentu wodnego syntetyzowanego z SBE z poborem wody wynoszącym 0,0222 g H2O/g adsorbentu.

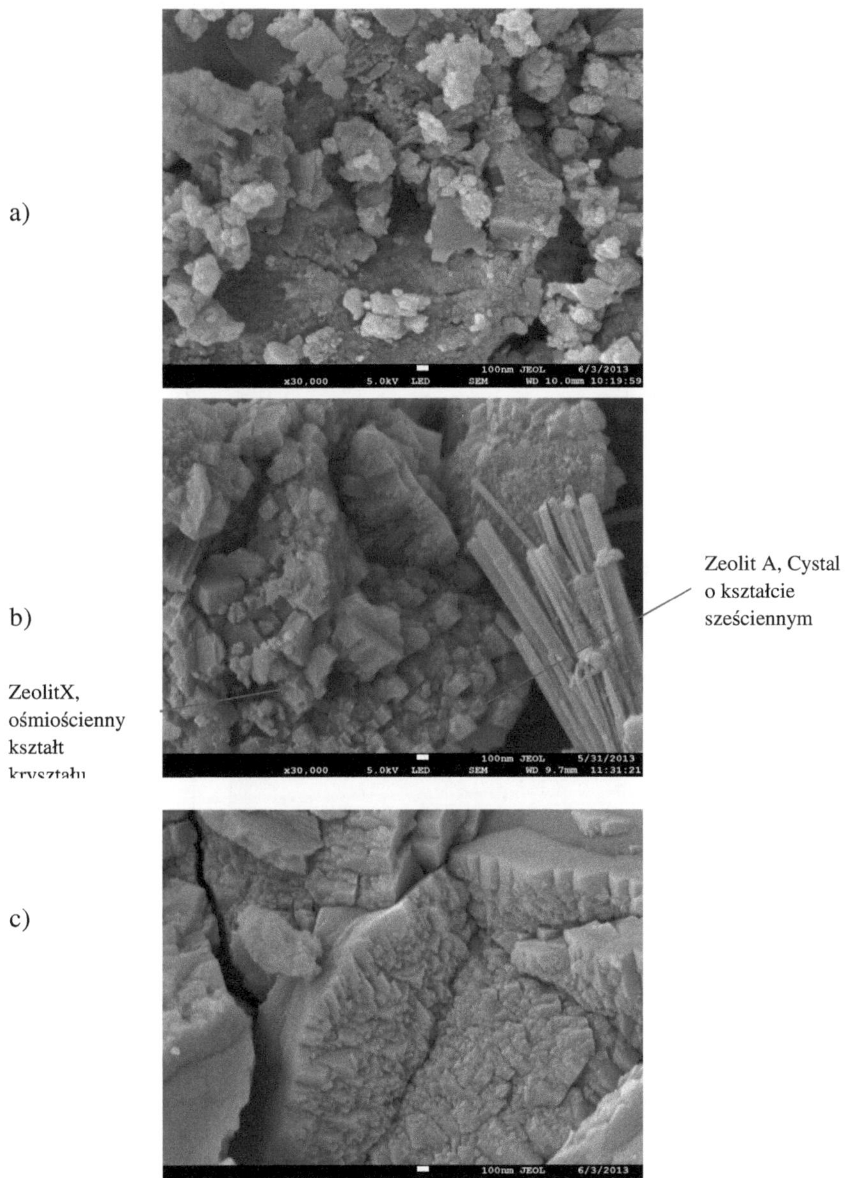

Rysunek 4.10 FESEM przedstawia a) komercyjny zeolit 3A (0,0421 g H2O/g); b) syntetyczny adsorbent wodny z SBE (0,0281 g H2O/g) oraz c) syntetyczny adsorbent wodny z SBE (0,0096 g H2O/g).

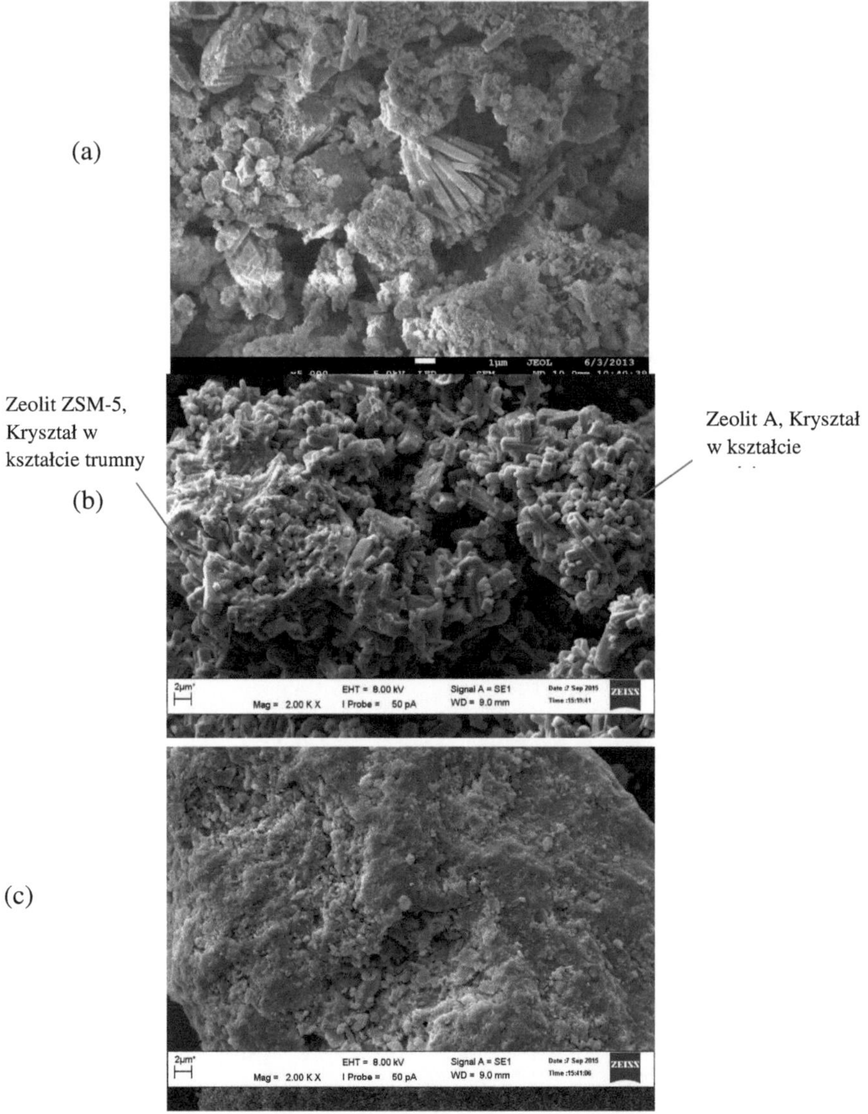

Rysunek 4.11 Obrazy FESEM a) syntetycznego adsorbentu wodnego z SBE (0,0222 g H2O/g); b) syntetycznego adsorbentu wodnego do doświadczenia odwodnienia (0,0391 g H2O/g) oraz c) zregenerowanego SBE.

Obrazy te wykazywały podobieństwo do obrazów przedstawionych na rysunku 4.10 (a). Rysunek 4.11 (b) przedstawia obrazy FESEM adsorbentu wodnego użytego w doświadczeniu z odwadnianiem etanolu. Wiele kryształów w kształcie trumny można zobaczyć na zdjęciach na rysunku 4.11 (c). Na podstawie przeglądu literatury (Egeblad *i in.* , 2007; Osmunsend *i in.* , 2012 oraz Perea *i in.* , 2015) kryształy te były typu MFI lub ZSM-5. Typowy kryształ ZSM-5 był taki jak na rysunku 2.2(b) w rozdziale 2. ZSM-5 ma wielkość porów około 5,5 Å (Diaz *i in.* , 2004) i jest stosowany jako katalizator w przemyśle petrochemicznym, np. przy przetwarzaniu metanolu na benzynę (Bjorgen *i in.* , 2008). Rysunek 4.11 (c), przedstawia obrazy FESEM zregenerowanego SBE używanego jako źródło korundu krzemionkowego do syntezy adsorbentu wodnego. Zdjęcia pokazywały, że faza ta była prawie amorficzna.

Pomiary FESEM-EDX przeprowadzono dla regenerowanego SBE w celu określenia zawartości Si, Al i O. Wyniki analizy Si i Al metodą FESEM-EDX przedstawiono w tabeli 4.2 w rozdziale 4.2.

4.5.3 Powierzchnia i porowatość

Pomiary powierzchni i porowatości przeprowadzono na wybranych próbkach w celu określenia powierzchni (m2/g), objętości porów (m3/g) oraz średniej średnicy porów (Å).

Tabela 4.4 przedstawia wyniki dotyczące powierzchni, objętości porów i wielkości porów zeolitu handlowego 3A (pobór wody wynosi 0,0421 g H2O/g adsorbentu), wybranych próbek adsorbentu wodnego 1, 2 i 3 syntetyzowanego z SBE (pobór wody wynosi odpowiednio 0,0281 g H2O/g adsorbentu, 0,0096 g H2O/g adsorbentu i 0,0222 g H2O/g adsorbentu). Powierzchnia właściwa i objętość właściwa próbek porowatych może być określona metodą Barreta, Joynera i Halendy (BJH) lub Brunauera, Emmeta i Tellera (BET). Zgodnie z podręcznikiem szkoleniowym Micromeritics ASAP 2020 (2010), metody BET były odpowiednie dla wielowarstwowych modeli adsorpcyjnych, a metoda BJH była ważna dla próbek porowatych o średnicy pomiędzy 20Å a 3000Å. Międzynarodowa Unia Chemii Czystej i Stosowanej 1984 (IUPAC 1984) zdefiniowała mikropory jako pory o średnicy mniejszej niż 20Å (2 nm), mezopory jako pory o średnicy między 20 Å (2 nm) a 500 Å (50 nm) oraz makropory jako pory o średnicy większej niż 500 Å (50 nm). Z tabeli 4.4. wynika, że powierzchnia BET handlowego zeolitu 3A wynosiła 23,9922 m2/g przy objętości porów BET 0,0824 cm3/g i średniej wielkości porów BET 140,9 Å. Powierzchnia i objętość porów mikroporów wynosiła 0,7532 m2/g i 0,000158 cm3/g. Mikropory dla

Micromeritics ASAP 2020 to pory o średnicy mniejszej niż 20 Å. Obliczony procent powierzchni mikroporów i ich objętości wynosił odpowiednio 0,3434% i 0,1917%. Wyniki te pokazują, że próbki handlowe składają się z mikroporów, mezoporów i makroporów. Ten handlowy zeolit 3A ma zdolność pobierania wody 0,0421 g H2O/g adsorbentu. Teoretyczna średnica porów zeolitu 3A wynosiła 3 Å (Al Asheh *et al.* , 2007).

Trudno było porównać te wyniki z wynikami innych badaczy, ponieważ powierzchnia i objętość różni się w zależności od próbki. Na przykład, Katsuki *i in.* (2009) uzyskali powierzchnię handlową zeolitu Na-A wynoszącą 8 m2/g. Ismail *et al.* (2010) twierdzi, że produkuje zeolit Na-A o powierzchni w zakresie 138-445 m2/g. Chareonpanic *i wsp.* (2011) podali, że powierzchnia handlowa zeolitu typu 4A (tj. Na-A) wynosiła 35,3 m2/g; natomiast Izodoro *i wsp.* (2012) stwierdzili, że powierzchnia ich czystego syntetycznego zeolitu Na-A mieściła się w przedziale 10,9-15,7 m2/g.

Adsorbent wodny 1 i 3 uznano za dobry adsorbent wodny o zdolności pobierania wody 0,0281 g H2O/g adsorbentu i 0,0222 g H2O/g adsorbentu w temperaturze pokojowej. Powierzchnie BET dla tych adsorbentów wodnych wynosiły odpowiednio 3,8316 m2/g i 15,1302 m2/g. Ich średnie rozmiary porów BET wynosiły 93,8 Å i 150,1 Å. Powierzchnie mikroporów (porów o średnicy < 20 Å) dla adsorbentu wodnego 1 i 3 wynosiły 0,0711 m2/g i 0,5278 m2/g. Adsorbent wodny 2 był słabym adsorbentem wodnym o pojemności pobieranej wody 0,0096 g H2O/g adsorbentu w temperaturze pokojowej, chociaż powierzchnia BET była najwyższa (przy 35,1551 m2/g) z powierzchnią mikroporów 0,7134 m2/g i średnimi rozmiarami porów BET 131,8 Å. According to Al Asheh *et al.* (2004), the size of water molecule was 2,8 Å and the size of ethanol molecule was 4,46 Å. Dlatego też, aby oddzielić cząsteczkę etanolu, wielkość mikroporów powinna wynosić od 3 Å do 4 Å. Nie można jednak znaleźć żadnych informacji na podstawie wyników pomiarów powierzchni i porowatości dla wielkości porów 3, 4 lub 5 Å. W związku z tym nie stwierdzono związku między wynikami z badań powierzchniowych i porowatości a zdolnością pobierania wody przez próbki. Dlatego też pomiary powierzchni i porowatości nie mogą być wykorzystywane do przewidywania poboru wody przez adsorbenty wodne. Jednak eksperymenty powierzchniowe i porowatościowe były szeroko stosowane w charakterystyce adsorbentu i były powtarzalne (Seader *i in.* , 1998).

Tabela 4.4. Powierzchnia, objętość i wielkość porów adsorbentu wody handlowej i wybranego adsorbentu wody syntetyzowanej

		Metoda BET			Metoda BJH				
	Pobór wody	**Obsza r powie**	**Objętoś ć rudy**	**Średnia wielkość por**	**Obsza r powie**	**Objętość rudy**	**Średnia wielkość por**	**Obszar mikropo rów**	**Objętość mikropo rów**
	(g H2O/g adsorbe	**(m2/g)**	**(cm3/g)**	**(Å)**	**(m2/g)**	**(cm3/g)**	**(Å)**	**(m2/g)**	**(cm3/g)**
Handlow y	0.0421	23.993 2	0.0824	140.9	28.788 5	0.0894	124.7	0.7352	0.00015 8
Adsorben t wodny 1 (SBE)	0.0281	3.8316	0.0092	93.8	2.8264	0.0106	151.0	0.0711	0.000074
Adsorben t wodny 2 (SBE)	0.0096	35.155 1	0.1136	131.8	38.700 0	0.1198	124.3	0.7134	0.000119
Adsorben t wodny 3 (SBE)	0.0222	15.130 2	0.0538	150.1	16.839 6	0.0622	148.6	0.5278	0.000161

4.5.4.1. Spektrometria mas plazmowych sprzężonych indukcyjnie (ICP-MS)

Pomiary ICP-MS zostały przeprowadzone w celu określenia niektórych elementów nieorganicznych obecnych w zregenerowanej ziemi bielonej. Tabela 4.5 przedstawia wyniki ICP-MS dla wybranych elementów nieorganicznych w regenerowanym SBE. Zawartość zanieczyszczeń takich jak magnez, wapń, żelazo i tytan była relatywnie wyższa w SBE. Według Rios *et al.* (2009) i Chareonpanich *et al.* (2011), te zanieczyszczenia tlenkiem metali, takie jak Fe2O3, CaO i MgO mogą zakłócać tworzenie się zeolitu A.

Tabela 4.5 Analiza ICP-MS regenerowanego SBE

Zanieczyszczenia w SBE	% mas
Sód (Na)	0.14925
Magnez (Mg)	8.1875
Pottas (K)	3.3378
Wapń (Ca)	19.8461
Mangan (Mn)	3.7596
Żelazo (Fe)	3.4187
Tytan (Ti)	1.22899

4.6 Efekty dodawanej wody, dodawanego KOH i dodawanego tlenku glinu do poboru wody z syntetycznego adsorbentu wodnego przy użyciu projektu eksperymentu

4.6.1 Wprowadzenie

Celem tej sekcji jest zbadanie wpływu dodanej wody, dodanego tlenku glinu i wodorotlenku galu (KOH) na pobór wody z syntezowanej wody adsorbentującej ze zużytej ziemi bielonej (SBE) przy użyciu zmodyfikowanej metody syntezy. Przeprowadzono pełne wielopoziomowe eksperymenty czynnikowe, a ich wyniki zostały przeanalizowane pod kątem głównego efektu i interakcji między czynnikami za pomocą oprogramowania statystycznego Minitab Statistical Software Release 14. Za pomocą oprogramowania stworzono model odpowiedzi (tj. poboru wody) jako funkcji badanych czynników. Ostatecznie, najlepsza kombinacja czynników została określona w celu wytworzenia adsorbentu wodnego o maksymalnym poborze wody.

4.6.2 Wyniki oddziaływania wody dodawanej, korundu i KOH na adsorbent wody syntetyzowanej

Tabela 4.6 przedstawia połączenie czynników i wyników pełnych wielopoziomowych eksperymentów czynnikowych generowanych przez oprogramowanie Minitab R14. Pierwszym czynnikiem jest woda dodawana na poziomie 65%, 80% i 95% masy stopionego SBE. Drugim czynnikiem jest dodanie tlenku glinu na poziomie 60% i 80% masy zregenerowanego SBE. Trzecim czynnikiem jest dodany KOH o 51%, 55% i 61% masy materiału. Stosunek dodanych KOH został wybrany na podstawie wyników uzyskanych z punktu 4.4.4. Dla każdego zestawu kombinacji czynnikowej wykonano trzy repliki. Całkowita liczba eksperymentów wyniosła 54. Przygotowanie każdej próbki trwało około 2 tygodni. Badaną odpowiedzią był pobór wody. Wyniki te zostały następnie przeanalizowane przy użyciu analizy wariantu dla głównych efektów i efektów interakcji za pomocą oprogramowania Minitab R14. Wszystkie doświadczenia prowadzono w stałej temperaturze topnienia 650°C, stałej temperaturze starzenia 80°C i stałym czasie starzenia 5 dni.

Tabela 4.6 Rezultaty działania wody dodanej, korundu i KOH na pobór wody z syntezowanego adsorbentu wodnego przy zastosowaniu pełnoczynnikowego, wielopoziomowego projektu eksperymentu.

Zamó wienie Std	Polece nie wykon ania	Dodana woda (% masy stopionego SBE)	Dodano KOH (% masy materiału)	Dodany tlenek glinu (% masy SBE regenerowanego)	Pobór wody (g woda/g adsorbent)
46	1	80	56	80	0.0232
8	2	80	51	80	0.0298
6	3	65	61	80	0.0289
2	4	65	51	80	0.0310
50	5	95	51	80	0.0296
40	6	65	56	80	0.0282
21	7	65	56	60	0.0218
14	8	95	51	80	0.0161
22	9	65	56	80	0.0294
11	10	80	61	60	0.0196
28	11	80	56	80	0.0171
41	12	65	61	60	0.0227
39	13	65	56	60	0.0208
48	14	80	61	80	0.0363
43	15	80	51	60	0.0171
10	16	80	56	80	0.0248

Tabela 4.6Continowana

24	17	65	61	80	0.0273
18	18	95	61	80	0.0195
44	19	80	51	80	0.0217
54	20	95	61	80	0.0130
25	21	80	51	60	0.0214
27	22	80	56	60	0.0290
3	23	65	56	60	0.0239
23	24	65	61	60	0.0103
31	25	95	51	60	0.0215
12	26	80	61	80	0.0350
7	27	80	51	60	0.0121
52	28	95	56	80	0.0153
9	29	80	56	60	0.0289
51	30	95	56	60	0.0251
34	31	95	56	80	0.0222
38	32	65	51	80	0.0243
1	33	65	51	60	0.0273
30	34	80	61	80	0.0265
5	35	65	61	60	0.0175
45	36	80	56	60	0.0101
33	37	95	56	60	0.0114
36	38	95	61	80	0.0190
35	39	95	61	60	0.0175
19	40	65	51	60	0.0234
15	41	95	56	60	0.0182
37	42	65	51	60	0.0290
26	43	80	51	80	0.0251
49	44	95	51	60	0.0131
13	45	95	51	60	0.0112
32	46	95	51	80	0.0178
29	47	80	61	60	0.0182
42	48	65	61	80	0.0267
4	49	65	56	80	0.0131
17	50	95	61	60	0.0273
16	51	95	56	80	0.0214
53	52	95	61	60	0.0180
47	53	80	61	60	0.0179
20	54	65	51	80	0.0266

4.6.3 Analiza zmienności poboru wody

Wartość p dla głównych oddziaływań wody i korundu na odpowiedź (pobór wody) wynosiła odpowiednio 0,015 i 0,007. Wartość p wykazała, że główny wpływ dodanego tlenku glinu i dodanej wody był istotny (p < 0,05). Wartość p głównego efektu dodanego KOH jest większa niż 0,05, co oznacza, że ma bardzo mały wpływ na reakcję odbioru wody. Analiza wykazała również, że interakcje dwu- i trójstronne nie były istotne (p wartość > 0,05). Wartość p jest prawdopodobieństwem błędu dla przyjęcia efektu jako znaczącego.

4.6.3.1 Wpływ dodanej wody na pobór wody.

Na rysunku 4.12 pokazano główny efekt dodawania wody do adsorbentu. Średni pobór wody z syntezowanego adsorbentu zmniejszył się z 0,024 do mniej niż 0,019 g wody/g adsorbentu, gdy dodana woda została zwiększona z 65% do 95% masy stopionego SBE. Dodana woda dojrzewała w temperaturze 80°C i przez 5 dni tworzyła jąderka zanim doszło do krystalizacji. Ponadto zaobserwowano, że przy 95% masowym dodatku wody, wytworzony adsorbent wodny był miękki i w formie proszku. Loiola *i in.* (2012) podali, że zeolity są fazami metastabilnymi. Niewielkie zmiany w warunkach syntezy, takie jak procent dodawanej wody, temperatura starzenia, itp., spowodują skrystalizowanie się innych faz o podobnym składzie, ale różnych właściwościach (np. zeolitu A i X).

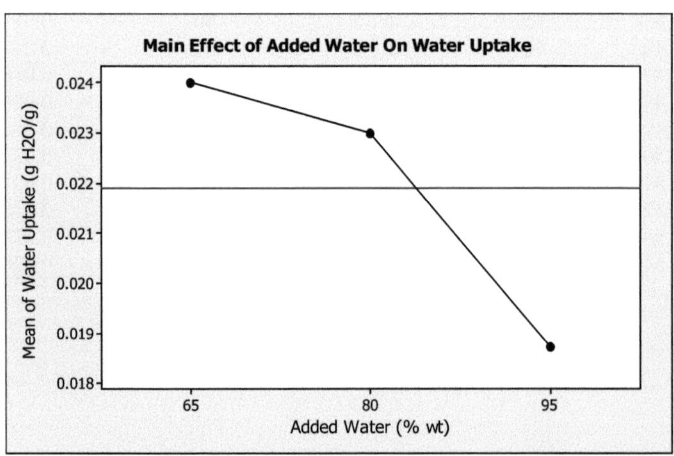

Rysunek 4.12Main efekt dodania wody do średniego poboru wody przez adsorbent

Jeśli powstała faza zeolitu A, to wytworzony adsorbent jest w stanie adsorbować wodę. Porównanie wyników dodawania wody z innymi badaczami było dość trudne ze względu na odmienność metod syntezy. Typowa wartość dodana wody stosowana przez większość badaczy wynosiła 83,3% masy lub stosunek surowca do wody= 1:5 (Rios *i in.* , 2009; Fotovat *i in.* , 2009, Purnomo *i in.* , 2012 oraz Izidiro *i in.* , 2012). Żaden z nich nie używał SBE jako surowca. Wyniki badań Izidiro *i wsp.* (2012) wykazały, że ilość dodanej wody może wpływać na fazę produkcyjną w syntezie zeolitu lub materiałów zbliżonych do zeolitu, a tym samym na pobór wody z produktów.

4.6.3.2 Efekt dodanego wodorotlenku talu na pobór wody

Na rysunku 4.13 pokazano główny efekt dodania wodorotlenku galu do wychwytywania wody z adsorbentu. Według Hadena *i in.* (1961 r.) jako źródło alkaliczne może być stosowany wodorotlenek sodu lub wodorotlenek potasu lub ich mieszanina. Zakres stężeń wody alkalicznej powinien wynosić około 30-50% masowo, najlepiej 40-50% masowo. Niskie stężenie daje drobny proszek lub miękkie kruszywo adsorbentu.

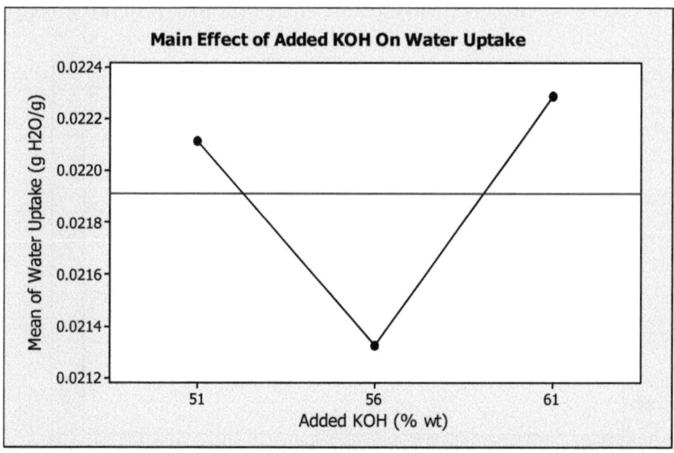

Rysunek 4.13 Main efekt dodania KOH do średniego poboru wody przez adsorbent

Nadmiar zasady powinien być wypłukany przed krystalizacją. Podano, że nie tworzy się zeolit A, gdy użyto 50% nadwyżki wagowej NaOH. Shigemoto i Hayashi (1993) poinformowali, że nadmiar zasad (Na/Ash > 1,2) podczas fuzji prowadzi do wyższego stężenia wodorotlenku sodu w reakcji hydrotermicznej, co sprzyja tworzeniu się hydroksysodalitu. Na rysunku 4.13. pokazano, że pobór wody został nieznacznie zmniejszony z około 0,0221 g wody/g adsorbentu to około 0,0212 g wody/g adsorbentu, a następnie wzrósł nieznacznie do ponad 0,0222 g wody/g adsorbentu po zmianie wartości KOH z 51% masowych na 56% masowych i 61% masowych materiału. Linia prosta jest ogólną średnią średnią pobrań wody z adsorbentu. Analiza wariancji wykazała jednak, że dodany wodorotlenek galu nie ma znaczącego wpływu na pobór wody z adsorbentu. W związku z tym pobór wody z adsorbentu był podobny dla badanego zakresu dodawanego KOH, czy to przy zastosowaniu 51% mas., 56% mas. czy 61% mas.

4.6.3.3 Wpływ dodanego tlenku glinu na pobór wody

Na rysunku 4.14 pokazano wpływ dodanego tlenku glinu na pobór wody z adsorbentu. Analiza wariancji wykazała, że główny efekt dodawanej wody był istotny. Ogólnie rzecz biorąc, pobór wody wzrósł z około 0,020 g wody/g adsorbentu do 0,024 g wody/g adsorbentu po dodaniu tlenku glinu z 60% do 80% masy zregenerowanego SBE. Pobór wody przez korund dodany w 80% masy był lepszy w porównaniu z 60% masy. Dodano tlenek glinu, ponieważ stosunek Si/Al wpłynął na rodzaj produkowanego adsorbentu wodnego, zwłaszcza zeolitu A. Tanaka i Fujii (2009) zsyntetyzowały zeolit A z popiołów lotnych z węgla.

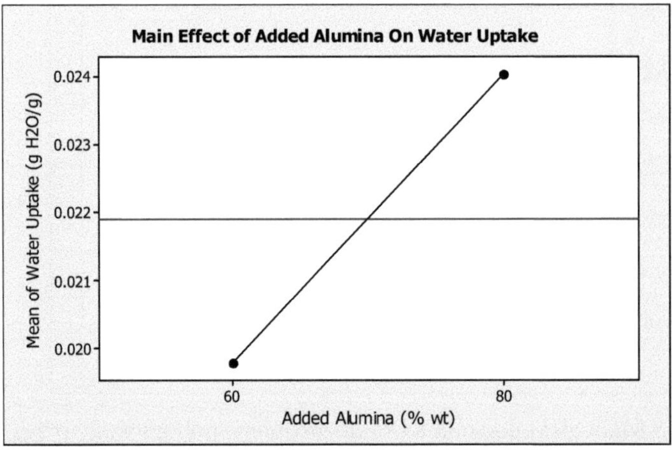

Rysunek 4.14 Main efekt dodania tlenku glinu do średniego poboru wody przez adsorbent

Stwierdzono, że jednofazowy czysty zeolit A otrzymano, gdy stosunek SiO_2/Al_2O_3 wynosił 1,0. Przy stosunku SiO_2/Al_2O_3 = 0,5 zeolit A był nadal obecny ze śladową ilością hydroksysodalitu. Przy $SiO_2/Al_2O_3 \geq 2$ zaczął się pojawiać zeolit Na-X, a przy SiO_2/Al_2O_3 = 4,5 powstała jednofazowa Na-X.

4.6.4 Model do poboru wody z adsorbentu

Analiza regresji powierzchni odpowiedzi za pomocą oprogramowania Minitab R14 wykazała, że model znaczący miał charakter liniowy (z wartością p mniejszą niż 0,05).

Niskie R-kwadratowe (22,8%) sugerowały, że system ten jest typem o wysokim odchyleniu standardowym z powodu nierównomiernego rozmieszczenia gatunków chemicznych w zużytej ziemi wybielającej. Frost (2014), wyjaśnił, że system z niskimi wartościami p i niskim R-kwadratem to system z dużą zmiennością danych. System ten nadal może mieć znaczący trend (równanie) i nadal dostarczać informacji o odpowiedzi, nawet jeśli punkty danych były daleko od linii regresji.

Równanie na pobór wody było:

$$W = 0{,}020184 + 0{,}000861111 \times (B) + 0{,}00021222 \times (C) - 1{,}75926 \times 10^{-4} \times (A)$$

W = pobór wody (g wody/g adsorbentu)
A = dodana woda (% masy stopionego SBE)
B = dodane KOH (współczynnik stechiometryczny KOH: SBE)
C = dodany tlenek glinu (% mas. regenerowanego SBE)

Równanie to może być użyte do oszacowania wartości poboru wody syntetyzowanej z SBE w zakresie czynników wykorzystywanych w tych pracach badawczych. Zakres dodawanego KOH wynosił od 51% do 61% masy materiału, zakres dodawanego tlenku glinu od 60% do 80% regenerowanego SBE, a zakres dodawanej wody od 65% do 95% masy stopionego SBE.

4.6.5 Optymalizator odpowiedzi

Wbudowany optymalizator reakcji został użyty do określenia najlepszej kombinacji czynników do produkcji adsorbentu wodnego z maksymalnym poborem wody. Na rysunku 4.15 przedstawiono najlepsze kombinacje badanych czynników w celu uzyskania adsorbentu o maksymalnym poborze wody. Przewidywany maksymalny pobór wody wynosił 0,0268 g wody/g adsorbentu przy zastosowaniu dodatku KOH w stosunku 61% masy materiału, dodatku tlenku glinu w stosunku 80% masy SBE i dodatku wody w stosunku 65% masy SBE stopionego. Temperatura stapiania SBE wynosiła 650°C, temperatura starzenia 80°C, a czas starzenia 5 dni. Przewidywany adsorbent syntetyzowany stanowił 64% wydajności komercyjnego zeolitu 3A w zakresie absorpcji wody.

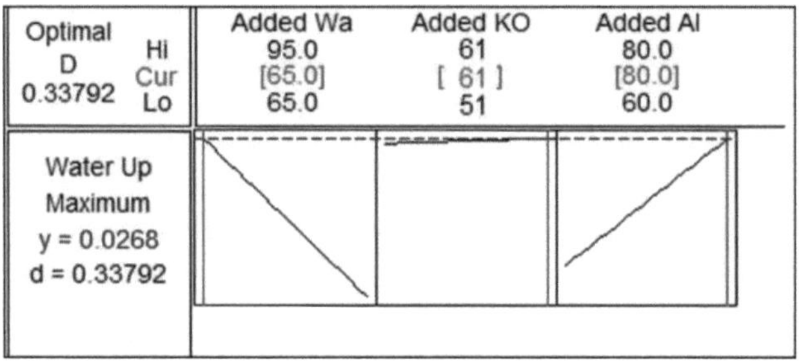

Optimal D 0.33792 | Hi Cur Lo | Added Wa 95.0 [65.0] 65.0 | Added KO 61 [61] 51 | Added Al 80.0 [80.0] 60.0

Water Up Maximum y = 0.0268 d = 0.33792

Rysunek 4.15 Kombinacja czynników (dodana woda = Dodany Wa, dodany KOH = Dodany KO, dodany tlenek glinu = Dodany Al) dla maksymalnego poboru wody z syntezowanego adsorbentu wodnego.

Dla porównania, pobór wody dla handlowego zeolitu 3A wynosił 0,0421 g wody/g adsorbentu. Jednakże, ze względu na nieznaczny efekt dodanego KOH, dodany KOH w ilości 51% lub 56% masy materiału może być stosowany z bardzo niewielkim wpływem na pobór wody. Na przykład, jeśli stosunek dodanego KOH wynosi 51% masy materiału, przewidywany pobór wody wynosi 0,0266 g wody/g adsorbentu, co stanowi spadek tylko o 0,75% najlepszego poboru wody.

W celu walidacji wyników najlepszej kondycji, przeprowadzono 4 serie eksperymentów z wykorzystaniem kondycji zoptymalizowanej. Wyniki zostały przedstawione w tabeli 4.7. Średni pobór wody wynosił 0,0278 ±0,0060, czyli był o 3,7% wyższy od przewidywanego.

Tabela 4.7 Pobór wody z adsorbentu w stanie zoptymalizowanym

Biegnij	**Adsorbowana woda (g H2O/g)**
1	0.0254
2	0.0255
3	0.0239
4	0.0369
Średnia	0.0278 ± 0.0060

4.6.6 Contour Plotka poboru wody w zależności od czynników

Wyniki uzyskane za pomocą optymalizatora odpowiedzi zostały wykorzystane do wygenerowania kilku wykresów konturowych, jak na rysunkach 4.16, 4.17 i 4.18. Na rysunku 4.16. przedstawiono wykres konturowy poboru wody w stosunku do dodanego tlenku glinu i dodanego KOH przy 65% mas. wody. Na wykresie konturowym pokazano, że do produkcji adsorbentu wodnego z poborem wody większym niż 0,026 g wody/g adsorbentu przy 65% masie dodanej wody, należy użyć około 76 g tlenku glinu/100 g materiału, bez względu na to, czy dodano KOH 51% czy 61% masy materiału. Na rysunku widać, że dodatek KOH ma bardzo mały wpływ na pobór wody z adsorbentu.

Na rysunku 4.17. przedstawiono wykres konturowy poboru wody w stosunku do dodawanej wody i dodawanego KOH przy 80% zawartości tlenku glinu w masie. Wykres konturowy ujawnił, że do produkcji adsorbentu wodnego z poborem wody większym niż 0,026 g wody/g adsorbentu, dodawana woda powinna być w przybliżeniu mniejsza niż 68% masy, dla zakresu dodawanego KOH w przedziale od 51% do 61% masy materiału. Ponownie, na wykresie konturowym widać, że dodany stosunek KOH nie ma znaczącego wpływu na pobór wody przez syntetyzowany adsorbent.

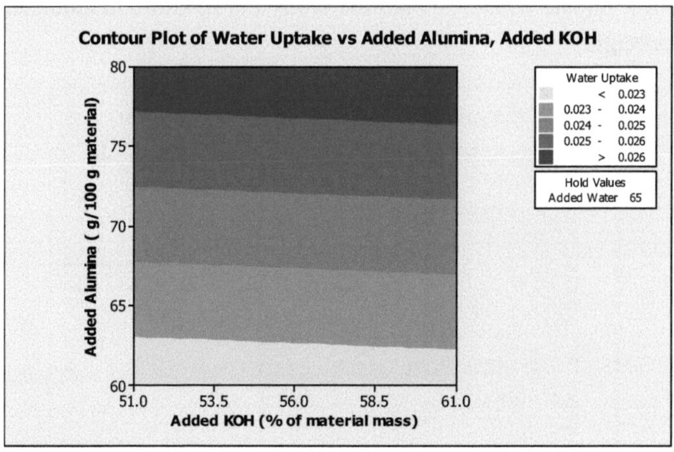

Rysunek 4.16 Kształt powierzchni poboru wody w stosunku do dodanego tlenku glinu i dodanego KOH przy 65 % dodatku wody.

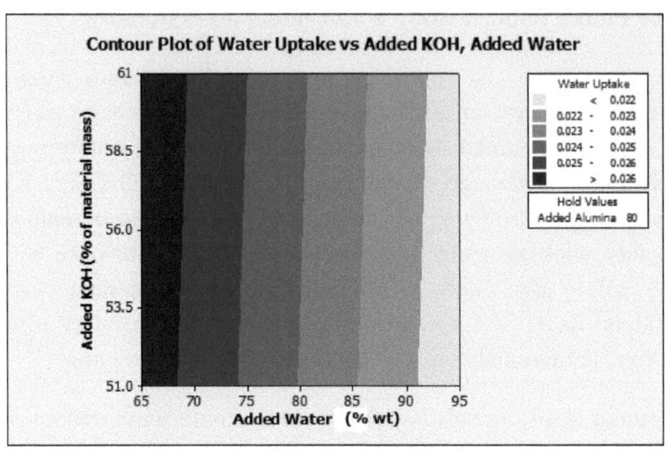

Rysunek 4.17 Kształt powierzchni pobrania wody w stosunku do dodanej wody i dodania KOH przy 80 % masowym dodatku tlenku glinu.

Rysunek 4.18 ilustruje wykres konturu poboru wody w stosunku do dodawanej wody i dodawanego tlenku glinu przy dodawaniu KOH 61% masy materiału. Na wykresie widać, że nadmiar wody i brak korundu zmniejsza pobór wody z adsorbentu.

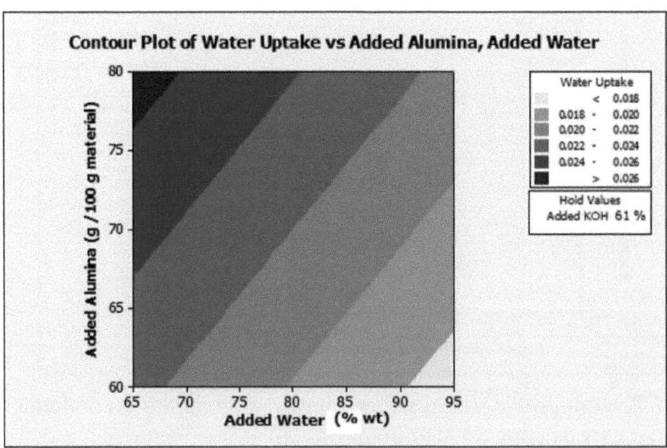

Rysunek 4.18 Kształt wykresu poboru wody w stosunku do dodanej wody i dodanych tlenków glinu przy dodatku KOH wynoszącym 61% masy materiału.

Powierzchnia (połączenie dodanej wody i tlenku glinu) do produkcji adsorbentu wodnego z poborem wody większym niż 0,026 g wody/g adsorbentu była dość mała (lewy górny róg). Zakres ten wahał się od 68% dodanej wody i 80% korundu do 65% dodanej wody i 76% dodanych korundu.

4.7 Wpływ temperatury syntezy jądrowej, temperatury starzenia i czasu starzenia na adsorbent wody syntetycznej przy użyciu projektu eksperymentu

4.7.1 Wprowadzenie

Celem niniejszej sekcji jest zbadanie wpływu temperatury syntezy, temperatury starzenia i czasu starzenia na pobór wody z syntezowanego adsorbentu wodnego ze zużytej ziemi bielonej (SBE) przy użyciu zmodyfikowanej metody syntezy. Przeprowadzono pełne wielopoziomowe eksperymenty czynnikowe, a ich wyniki zostały przeanalizowane pod kątem głównych efektów i interakcji między czynnikami za pomocą oprogramowania statystycznego Minitab Statistical Software Release 14. Za pomocą oprogramowania stworzono model reakcji (tj. poboru wody) jako funkcji badanych czynników. Ostatecznie, najlepsza kombinacja czynników została określona w celu wytworzenia adsorbentu wodnego o maksymalnym poborze wody.

4.7.2 Skutki wpływu temperatury syntezy jądrowej, temperatury starzenia i czasu starzenia na adsorbent wody syntetyzowanej

Tabela 4.8 przedstawia połączenie czynników i wyników pełnych wielopoziomowych eksperymentów czynnikowych generowanych przez oprogramowanie Minitab R14. Pierwszym czynnikiem jest temperatura topnienia w wodzie na poziomie 550°C i 650°C. Drugim czynnikiem jest temperatura starzenia się na poziomie 60°C i 80°C. Trzecim czynnikiem jest czas starzenia się przez 3, 5 i 7 dni. Dla każdego zestawu kombinacji czynnikowej wykonano trzy repliki. Całkowita liczba eksperymentów wyniosła 36. Badaną odpowiedzią był pobór wody. Wyniki te zostały poddane dalszej analizie pod kątem głównych efektów i interakcji za pomocą programu Minitab R14.

4.7.3 Analiza zmienności poboru wody

Wartość p dla głównych efektów temperatury syntezy i czasu starzenia do reakcji (pobór wody) wynosiła odpowiednio 0,047 i 0,012. Wartość p wykazała, że główne efekty temperatury syntezy i czasu starzenia były znaczące ($p < 0,05$).

Analiza wykazała również, że pomiędzy temperaturą syntezy i temperaturą starzenia ($p < 0,05$) oraz temperaturą syntezy i czasem starzenia ($p < 0,05$) występuje dwukierunkowy efekt interakcji.

Tabela 4.8Wyniki wpływu temperatury syntezy, temperatury syntezy i czasu starzenia na pobór wody z syntezowanego adsorbentu wodnego przy zastosowaniu pełnoczynnikowego wielopoziomowego projektu eksperymentu

Zamówienie Std	Polecenie wykonania	Temperatura topnienia (°C)	Temperatura starzenia się (°C)	Czas starzenia się (dni)	Pobór wody (g wody/g adsorbentu)
31	1	650	60	3	0.0220
7	2	650	60	3	0.0355
5	3	550	80	5	0.0268
2	4	550	60	5	0.0199
33	5	650	60	7	0.0230
26	6	550	60	5	0.0173
14	7	550	60	5	0.0152
12	8	650	80	7	0.0130
15	9	550	60	7	0.0327
10	10	650	80	3	0.0252
20	11	650	60	5	0.0279
27	12	550	60	7	0.0261
25	13	550	60	3	0.0221
32	14	650	60	5	0.0376
28	15	550	80	3	0.0397
9	16	650	60	7	0.0251
17	17	550	80	5	0.0324
13	18	550	60	3	0.0289
29	19	550	80	5	0.0270
36	20	650	80	7	0.0236
18	21	550	80	7	0.0260
19	22	650	60	3	0.0365
3	23	550	60	7	0.0257
16	24	550	80	3	0.0427
22	25	650	80	3	0.0224
11	26	650	80	5	0.0234
6	27	550	80	7	0.0324
35	28	650	80	5	0.0174
8	29	650	60	5	0.0321
34	30	650	80	3	0.0298
23	31	650	80	5	0.0292
24	32	650	80	7	0.0119
1	33	550	60	3	0.0287
21	34	650	60	7	0.0141
4	35	550	80	3	0.0335
30	36	550	80	7	0.0363

4.7.3.1 Wpływ temperatury topnienia na pobór wody.

Na rysunku 4.19 pokazano główny wpływ temperatury syntezy na pobór wody z adsorbentu. Pobór wody z syntezowanego adsorbentu zmniejszył się z ok. 0,0285 do mniej niż 0,0250 g wody/g adsorbentu przy wzroście temperatury syntezy z 550°C do 650°C. Analiza wariancji wykazała, że temperatura topnienia ma istotny wpływ na pobór wody z adsorbentu. Rysunek pokazuje, że lepszy adsorbent wodny może być produkowany przy niższej temperaturze topnienia 550°C. Według Loiola *et al* (2012); zeolity są fazami metastabilnymi. Niewielkie zmiany w warunkach syntezy kokstalizują inne fazy o podobnym składzie, ale różnych właściwościach (np. zeolit A i X). Rios *i wsp.* (2012) sugerowali, że fuzja zasadowa jest bardzo skuteczna w ekstrakcji krzemu i aluminium z kaolinu. Klamrassame *i in.* (2010) stwierdzili, że optymalna temperatura syntezy wynosi 450°C. Jednak adsorbent wodny został zsyntetyzowany z popiołów lotnych węgla inną metodą syntezy. Rios *et al.* (2009) łączył kaolin z NaOH o stosunku wagowym kaolinu do NaOH wynoszącym 1:1,2 w temperaturze 600°C przez 1 godzinę.

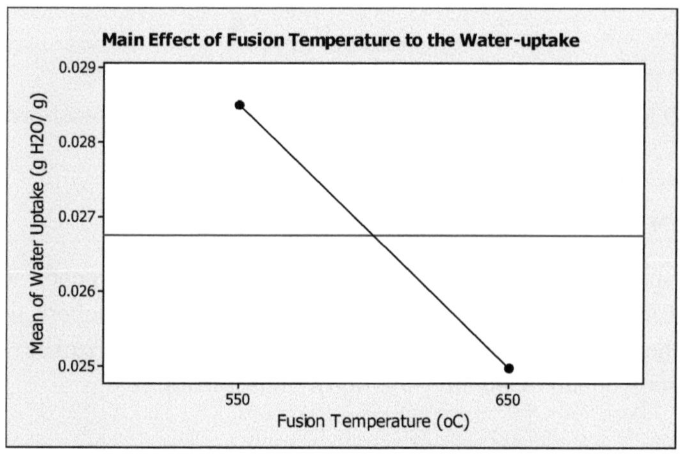

Rysunek 4.19 Mały wpływ temperatury topnienia na pobór wody przez adsorbent

4.7.3.2 Wpływ temperatury starzenia na pobór wody

Na rysunku 4.20 pokazano główny wpływ temperatury starzenia na pobór wody z adsorbentu. Linia pozioma jest ogólną średnią z przeciętnego poboru wody w projekcie techniki eksperymentalnej. Trend ten pokazuje, że pobór wody z adsorbentu w temperaturze starzenia 80°C był lepszy niż w temperaturze 60°C. Analiza wariancji pokazuje jednak, że temperatura starzenia się nie ma znaczącego wpływu na pobór wody (wartość $p > 0,05$) dla tego zakresu temperatur. Oznacza to, że pobór wody jest prawie podobny w temperaturze starzenia się wynoszącej 60°C i 80°C. Wpływ temperatury starzenia na pobór wody został już omówiony w punkcie 4.4.3.

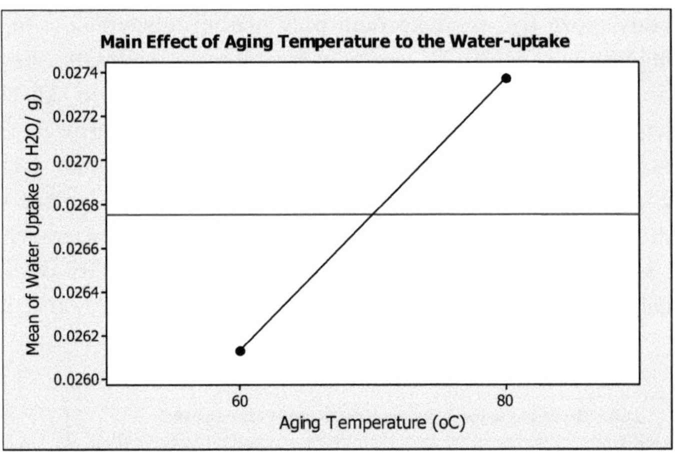

Rysunek 4.20 Mały wpływ temperatury topnienia na pobór wody z adsorbentu

4.7.3.3 Wpływ czasu starzenia na pobór wody

Na rysunku 4.21 pokazano wpływ czasu starzenia na pobór wody z adsorbentu. Linia pozioma jest ogólną średnią z przeciętnego poboru wody w projekcie techniki eksperymentalnej. Pobór wody zmniejszył się z około 0,0305 g wody/g adsorbentu do około 0,0255 g wody/g adsorbentu, gdy

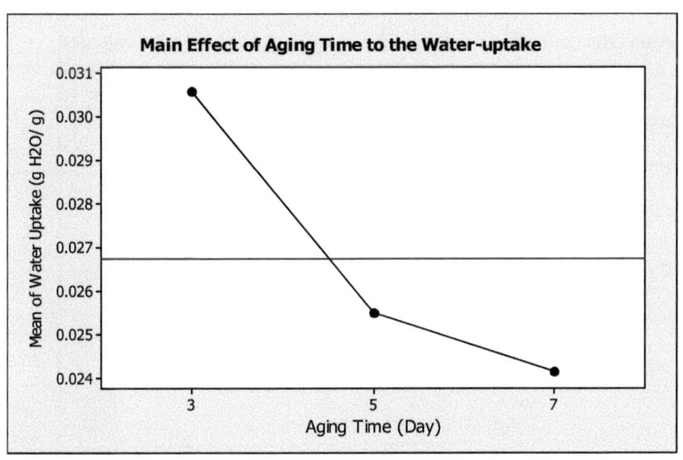

Rysunek 4.21 Mainowy wpływ czasu starzenia na pobór wody przez adsorbent

czas starzenia się został wydłużony z 3 do 5 dni. Dalszy wzrost czasu starzenia z 5 do 7 dni, zmniejszył pobór wody z około 0,0255 g wody/g adsorbentu do 0,0245 g wody/g adsorbentu. Analiza wariancji wykazała, że czas starzenia się ma istotny wpływ na pobór wody. Starzenie się było procesem tworzenia zarodkowania, zanim doszło do krystalizacji. W związku z tym dłuższy czas starzenia się nie będzie produkować jądra, które prowadzą do powstania kryształu zdolnego do adsorpcji wody. Trudno było porównać czas starzenia się tego eksperymentu z innymi badaczami ze względu na odmienność metod syntezy i surowców wyjściowych. Haden *i in.* (1961) użyli czasu starzenia 96 godzin w 100oF przy syntezie zeolitu A z kaolinu. W ich pracy wymieszano 60 części wagowych kaolinu i dokładnie wymieszano z 43,2 części wagowych roztworu NaOH o masie 50% i uformowano w granulki.

4.7.3.4 Efekt wzajemnego oddziaływania temperatury syntezy jądrowej i temperatury starzenia na pobór wody

W tej sekcji omówiono efekt interakcji pomiędzy czynnikami wpływającymi na pobór wody z syntetycznego adsorbentu. Rysunek 4.22 pokazuje wpływ interakcji pomiędzy temperaturą topnienia i temperaturą starzenia na pobór wody z adsorbentu. Pobór wody z adsorbentu wodnego syntetyzowanego w temperaturze topnienia 550°C był wyższy w temperaturze starzenia 80°C (> 0,0320 g wody/g adsorbentu) w porównaniu z temperaturą starzenia 60°C. (około 0,0240 g wody/g adsorbentu).

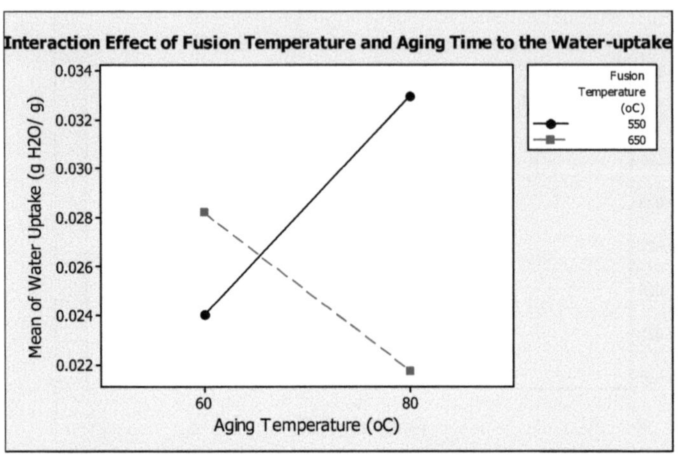

Rysunek 4.22 Wpływ temperatury syntezy i temperatury starzenia na średni pobór wody przez adsorbent

Natomiast pobór wody z adsorbentu wodnego syntetyzowanego w temperaturze syntezy 650°C był wyższy w temperaturze starzenia 60°C (ok. 0,0280 g wody/g adsorbentu) w porównaniu z temperaturą starzenia 80°C (ok. 0,0220 g wody/g adsorbentu). Pobór wody został zmniejszony z ok. 0,0305 g wody/g adsorbentu do ok. 0,0255 g wody/g adsorbentu po wydłużeniu czasu starzenia z 3 do 5 dni. Dalszy wzrost czasu starzenia z 5 do 7 dni zmniejszył pobór wody z około 0,0255 g wody/g adsorbentu do 0,0245 g wody/g adsorbentu. Jak wspomnieli Loiola *i wsp.* (2012), zeolity są fazami przerzutowymi, w których niewielkie zmiany w warunkach syntezy kokstalizują inne fazy o podobnym składzie, ale różnych właściwościach (np. zeolit A i X) Analiza wariantu pokazuje, że sama temperatura starzenia się nie ma istotnego wpływu na pobór wody. Wyniki te ujawniły jednak, że temperatura starzenia się w połączeniu z temperaturą syntezy dawała znaczący wpływ na pobór wody z syntezowanego adsorbentu.

4.7.3.5 Efekt wzajemnego oddziaływania temperatury syntezy jądrowej i czasu starzenia na pobór wody

Na rysunku 4.23 pokazano wpływ interakcji pomiędzy temperaturą syntezy i czasem starzenia na pobór wody z adsorbentu. Pobór wody z adsorbentu wodnego syntetyzowanego w temperaturze syntezy 650°C był wyższy w czasie 3 dni (ok. 0,0277 g wody/g adsorbentu) w porównaniu do czasu starzenia 5 dni (ok. 0,0276 g wody/g adsorbentu) i 7 dni (< 0,0200 g wody/g adsorbentu). Pobór wody z adsorbentu wodnego syntetyzowanego w temperaturze syntezy 550°C zmniejszył się, gdy czas starzenia zwiększył się z 3 dni (około 0,0325 g wody/g adsorbentu) do 5 dni (około 0,0226 g wody/g adsorbentu). Jednak pobór wody zwiększył się po wydłużeniu czasu starzenia do 7 dni (około 0,0300 g wody/g adsorbentu). Jak wspomnieli Loiola *i wsp.* (2012), zeolity są fazami przerzutowymi, w których niewielkie zmiany w warunkach syntezy kokstalizują inne fazy o podobnym składzie, ale różnych właściwościach (np. zeolit A i X). Jeśli skrystalizuje się więcej zeolitu A, to absorpcja wody przez adsorbent powinna wzrosnąć.

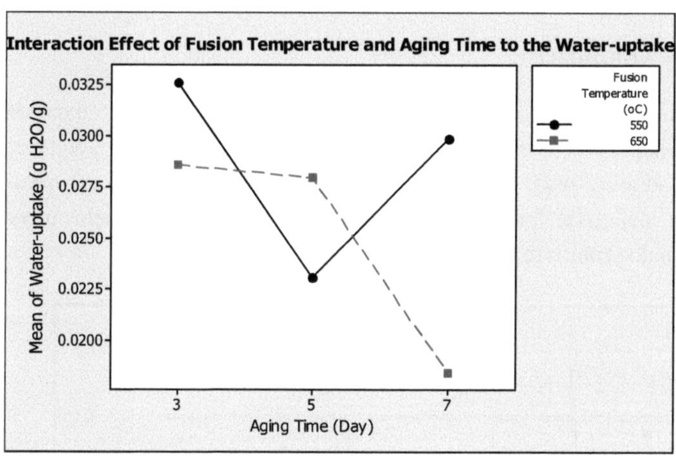

Rysunek 4.23 Wpływ temperatury syntezy i czasu starzenia na średni pobór wody przez adsorbent

4.7.4 Model do poboru wody z adsorbentu

Wyniki w dodatku F4 uzyskano za pomocą analizy regresji powierzchni reakcji w oprogramowaniu Minitab R14. Z analizy wynika, że modelem znaczącym był model liniowy (z wartością p mniejszą niż 0,05). Wskazywała na to wartość p mniejsza niż 0,05. Równanie na pobór wody było:

W =- 0,325927 - 0,000593958 × (D) + 0,00466528 × (E) + 0,00946875 × (F) -(7.672200 × $^{10-6}$) × (D x E) - (1.84583 × 10-5) × (D × F)

W = pobór wody (g wody/g adsorbentu)
D = temperatura infuzji (°C)
E = temperatura starzenia się (°C)
F = czas starzenia się (dni)

Równanie to może być użyte do oszacowania wartości poboru wody syntetyzowanej z SBE w zakresie czynników wykorzystywanych w tych pracach badawczych. Zakres temperatury syntezy mieścił się w przedziale od 550°C do 650°C, zakres temperatur starzenia wynosił od 60°C do 80°C, a zakres czasu starzenia wynosił od 3 do 7 dni.

Niska wartość kwadratowa R (48,5%) sugeruje, że system ten jest typem o dużej zmienności danych. Jednak Frost (2014) wyjaśnił, że system z niskimi wartościami p i niskim R-kwadratem może nadal mieć znaczący trend (tj. równanie).

4.7.5 Response Optimizer

Ponownie, oprogramowanie Minitab R14 zostało użyte jako narzędzie do określenia najlepszych współczynników kombinacji w celu wytworzenia adsorbentu wodnego przy maksymalnym poborze wody. Na rysunku 4.24 przedstawiono najlepsze połączenie badanych czynników w celu uzyskania adsorbentu o maksymalnym poborze wody.

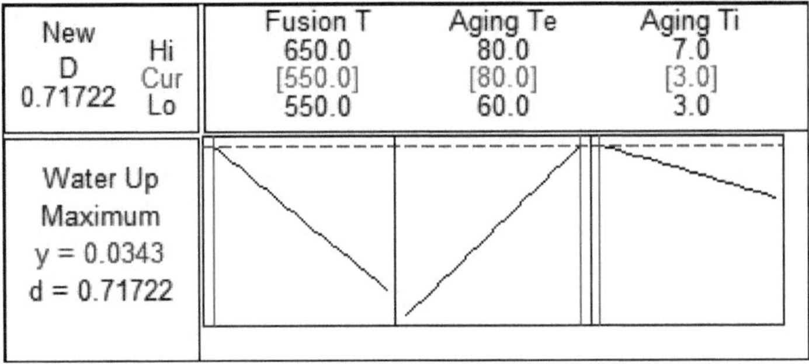

Rysunek 4.24 Kombinacja czynników (temperatura syntezy, temperatura starzenia i czas starzenia) dla maksymalnego poboru wody z syntetycznego adsorbentu wodnego

Przewidywany maksymalny pobór wody wynosił 0,0343 g wody/g adsorbentu przy zastosowaniu temperatury topnienia 550°C, temperatury starzenia 80°C i 3 dni czasu starzenia. Dodano 51% masy materiału, dodano tlenek glinu 80% masy SBE i wodę 65% masy stopionego SBE. Przewidywany adsorbent syntetyzowany stanowił około 84% wydajności komercyjnego zeolitu 3A w zakresie absorpcji wody. Dla porównania, pobór wody dla handlowego zeolitu 3A wynosił 0,0421 g wody/g adsorbentu. W celu walidacji wyników przeprowadzono 3 serie eksperymentów w zoptymalizowanym stanie. Wyniki tych eksperymentów zostały przedstawione w tabeli 4.9. Średni pobór wody wynosił 0,0336 ± 0,0036, czyli był o 2,0% niższy od przewidywanego.

Tabela 4.9 Pobór wody z adsorbentu w stanie zoptymalizowanym

Biegnij	**Adsorbowana woda (g H2O/g)**
1	0.0297
2	0.0335
3	0.0369
Średnia	0.0336 ± 0.0036

4.7.6 Kontorystyka poboru wody w zależności od czynników

Wyniki uzyskane za pomocą optymalizatora odpowiedzi zostały wykorzystane do wygenerowania kilku wykresów konturowych. Rysunek 4.25 przedstawia wykres konturowy poboru wody w zależności od temperatury starzenia i temperatury syntezy w czasie starzenia wynoszącym 3 dni.

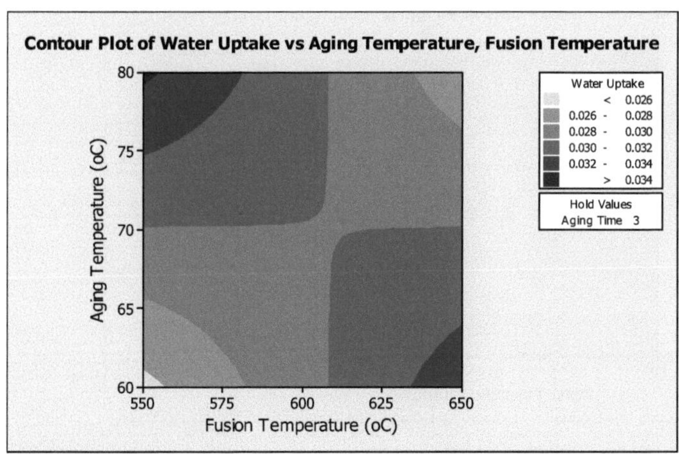

Rys. 4.25 Wykres konturów poboru wody w zależności od czasu starzenia i temperatury syntezy w czasie starzenia 3 dni

Aby uzyskać adsorbent wodny o poborze wody większym niż 0,0340 g wody/g adsorbentu w czasie starzenia przez 3 dni, temperatura starzenia powinna wynosić 80°C przy temperaturze topnienia 550°C. Analiza wariantu z punktu 4.7.3 wykazała, że temperatura starzenia się ma nieznaczny wpływ na pobór wody. Ten wykres konturowy pokazał jednak, że temperatura starzenia się ma znaczący wpływ ze względu na efekt interakcji temperatury starzenia z temperaturą stapiania.

Rysunek 4.26 przedstawia wykres konturu poboru wody w zależności od czasu i temperatury starzenia w temperaturze topnienia 550°C. Na poletku konturowym stwierdzono, że do produkcji adsorbentu wodnego o poborze wody większym niż 0,0340 g wody/g adsorbentu należy stosować 3-dniowy czas starzenia przy temperaturze topnienia 80°C przy temperaturze topnienia 550°C. Ponownie, znaczna interakcja temperatury syntezy z czasem starzenia i temperaturą starzenia zaprzecza nieznacznemu wpływowi temperatury starzenia.

Rysunek 4.27 ilustruje wykres konturu poboru wody w zależności od czasu starzenia i temperatury syntezy przy temperaturze starzenia wynoszącej 80°C. W celu wytworzenia adsorbentu wodnego o poborze wody większym niż 0,0320 g wody/g adsorbentu należy stosować temperaturę topnienia 550°C i czas starzenia 3 dni przy temperaturze starzenia 80°C.

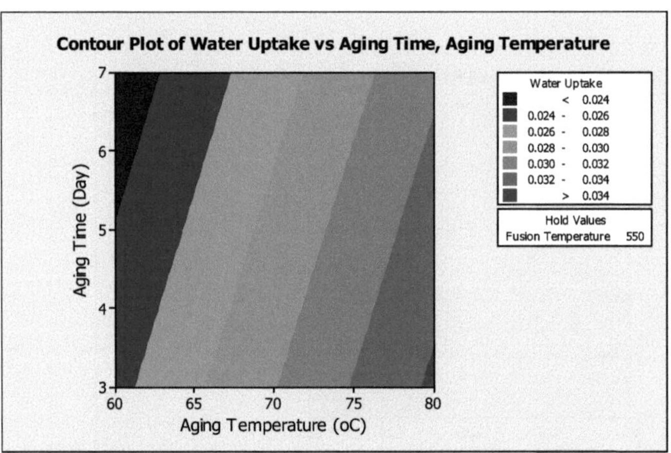

Rysunek 4.26 Wykres konturu poboru wody w zależności od czasu starzenia i temperatury starzenia w temperaturze syntezy 550oC

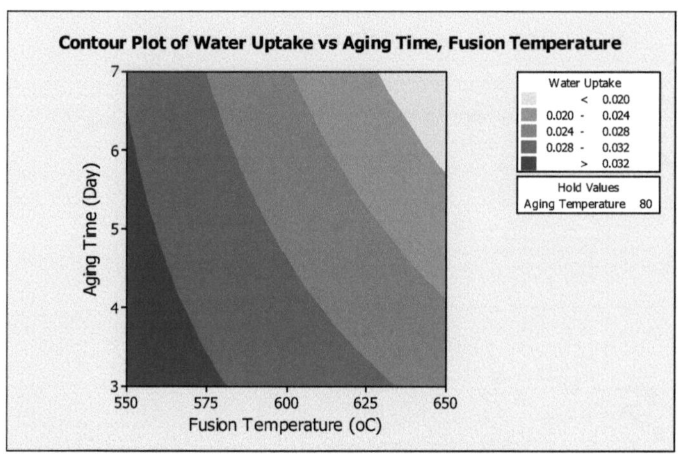

Rysunek 4.27 Wykres konturu poboru wody w zależności od czasu starzenia i temperatury syntezy przy temperaturze starzenia 80oC

4.8 Adsorpcja Izotermy wody w etanolu

4.8.1 Wprowadzenie

Celem tej sekcji jest określenie izotermii adsorpcji wody w etanolu przy użyciu adsorbentu wody syntetycznej i handlowego zeolitu 3A dla porównania. Eksperymenty z izotermą przeprowadzono w temperaturze pokojowej i w temperaturze 75°C pod ciśnieniem atmosferycznym. Zmierzone izotermy zostały założone przy użyciu Langmuira, Freundlicha, Dubinina-Kaganera-Radushkevicha (DKR) i modelu Temkina. Informacje pochodzące z izotermy adsorpcyjnej i krzywej odwodnienia są niezbędne przy projektowaniu adsorbera stałego (Nurbas *i in.* , 2002).

4.8.2 Izoterma adsorpcyjna i model izotermiczny wody w etanolu

Rysunek 4.28 przedstawia izotermę adsorpcji wody z etanolu przy użyciu adsorbentu wody syntetycznej i handlowego zeolitu 3A w temperaturze pokojowej i w temperaturze 75oC. Izotermy adsorpcyjne są to adsorpcyjne zdolności wyrównawcze w zależności od stężenia adsorbatów w stałej temperaturze i ciśnieniu. Typowe były kształty izoterm otrzymanych dla handlowego zeolitu 3A (Yamamoto i in., 2012 oraz Burrichter i in., 2014). W związku z tym metodologia wykorzystana do uzyskania danych izotermicznych w tej pracy była akceptowalna.

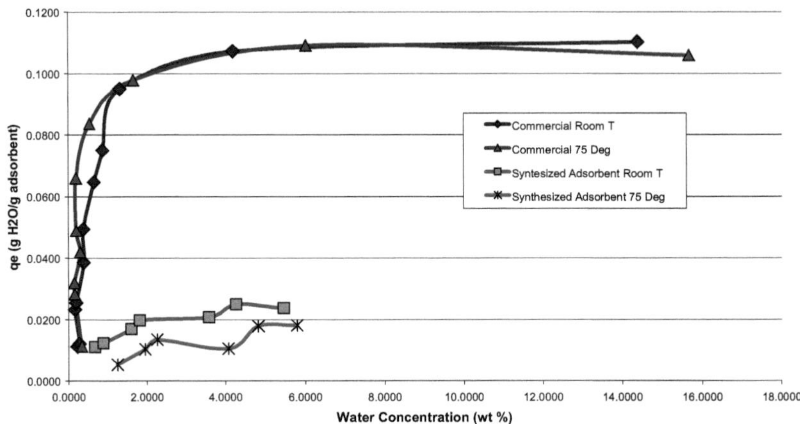

Rysunek 4.28 Izotermy adsorpcyjne wody w etanolu w temperaturze pokojowej i 75°C dla adsorbentu wody syntetyzowanej i zeolitu 3A

Tabela 4.10 Wyniki parametrów modelu pasujących do izotermy eksperymentalnej

Rodzaj adsorbentu	**Model Langmuira**			**Model Freundlicha**		
	qo(g H2O/g)	**KL**	**R2**	**KF**	**n**	**R2**
Comercial Zeolite 3A (pokój T)	0.1252	1.3591	0.9128	0.0588	3.3771	0.7186
Comercial Zeolit 3A (75°C)	0.1134	2.7060	0.7244	0.0659	4.5183	0.6319
Adsorbent wody syntetycznej	0.0294	0.9083	0.9493	0.0141	2.8960	0.9112
Adsorbent wody syntetycznej (75°C)	0.0290	0.2622	0.7256	0.0066	1.7661	0.7219

Rodzaj adsorbentu	**Model DKR**			**Model Temkina**		
	qs(g H2O/g)	**Kad**	**R2**	**B**	**KT**	**R2**
Comercial Zeolite 3A (pokój T)	0.1103	0.0930	0.9510	0.0243	14.8549	0.8509
Comercial Zeolit 3A (75°C)	0.1042	0.0367	0.6970	0.0176	51.5000	0.6778

Adsorbent wody syntetycznej (pomieszczenie T)	0.0240	0.1689	0.9269	0.0065	8.7071	0.9391
Adsorbent wody syntetycznej (75°C)	0.0180	0.3816	0.7321	0.0070	2.0866	0.7382

Izotermy adsorpcyjne dla syntetyzowanych adsorbentów wodnych były mniej korzystne w porównaniu z komercyjnym zeolitem 3A. Maksymalna adsorpcja wody dla handlowego zeolitu 3A wynosiła więcej niż 0,10 g H2O/g adsorbentu, podczas gdy maksymalna adsorpcja wody dla adsorbentu wody syntetyzowanej wynosiła tylko nieco więcej niż 0,02 g H2O/g adsorbentu. Wynikało to z faktu, że syntetyczny adsorbent wodny składał się z wielu faz stałych. Pozycja izotermy w wyższej temperaturze powinna być niższa niż izotermy w niskiej temperaturze, jak pokazano na rysunku 4.28. W teorii adsorpcja lub absorpcja jest korzystna w niższej temperaturze (Seader & Henley, 1998).

Izotermy adsorpcyjne zostały dopasowane przy użyciu modeli Langmuira, Freundlicha, DKR i Temkina. W tej pracy wykorzystano oprogramowanie Polymath 5.0 do dopasowania obu modeli do izotermy danych eksperymentalnych. Wyniki przedstawiono w tabeli 4.10. Wartość R2 dla wszystkich modeli zarówno komercyjnych, jak i syntetycznych adsorbentów wodnych w temperaturze 75°C była niższa niż 0,75, co oznacza, że wszystkie modele nie pasowały do danych izoterm adsorpcyjnych w 75°C. Było to najprawdopodobniej spowodowane błędem i ograniczeniem udogodnień przy przeprowadzaniu eksperymentu izotermicznego w wysokiej temperaturze. Na przykład, trudności z utrzymaniem temperatury podczas pomiaru zawartości wody przy użyciu titratora Karla Fishera. Wyniki przedstawione w tabeli 4.10 pokazują, że tylko model Langmuira i DKR pasuje do danych o izotermach adsorpcyjnych w temperaturze pokojowej zarówno dla adsorbentów wody handlowej, jak i syntetycznej, jak wskazuje na to R2 powyżej 0,90. Model Temkin pasuje tylko do izoterm syntetycznego adsorbentu wody w temperaturze pokojowej.

Wyniki wykazały, że model Langmuira i DKR opisywał adsorpcję wody w stanie równowagi lepiej niż model Freundlicha i Temkina w temperaturze pokojowej dla obu adsorbentów. Innymi słowy, adsorpcja wody w tych adsorbentach może być modelowana przy użyciu adsorpcji jednowarstwowej (Rezaeeet *al.* , 2011; Yamamoto *i in.* , 2012) z heterogenicznymi miejscami aktywnymi wskazanymi przez zamontowany model DKR (Jamil *i in.* , 2011a).

Średnia wielkość mikroporów 0,3 nm dla zeolitu 3A (Al Asheh *i in.* 2004), która była mniejsza niż wielkość cząsteczek wody zgodna z monowarstwową teorią adsorpcji. W rzeczywistości model DKR był analogiem izotermy Langmuira, ale nie zakładał jednorodnej powierzchni ani stałego potencjału sorpcyjnego (Foo i Hameed, 2010). Model Freundlicha nie mieścił się w danych izotermy, ponieważ nie jest odpowiedni dla niskich stężeń układu adsorbatowego (Rida *i in.* , 2013). Według Foo i Hameeda (2010) oraz Rida *i in.* (2013), model Temkina jest doskonały dla izoterm fazy gazowej, ale nie jest odpowiedni dla izoterm adsorpcji fazy ciekłej.

Wielu badaczy stwierdziło, że model Langmuira był lepszy od modelu Freundlicha w przewidywaniu izoterm adsorpcji (Reza *i in.* , 2011; Izidiro *i in.* , 2012; Rida *i in.* , 2013 oraz Burrichter *i in.* , 2014). Wartość stałej qo, Langmuira (maksymalnej zdolności adsorpcji wody) była wyższa w niskiej temperaturze (0,1252 w porównaniu z 0,0134 i 0,0294 w porównaniu z 0,0190 odpowiednio dla handlowego zeolitu 3A i adsorbentu wody zsyntetyzowanej), co wskazuje, że więcej wody może być adsorbowana w niższej temperaturze. Wartość qs modelu DKR wykazywała podobny trend, który zgadzał się z wynikami modelu Langmuira. Graficzne przedstawienie wybranego dopasowanego modelu Langmuira dla izoterm adsorpcji komercyjnego zeolitu 3A i adsorbentu wody syntetycznej w temperaturze pokojowej i 75°C można znaleźć na rysunku 4.29.

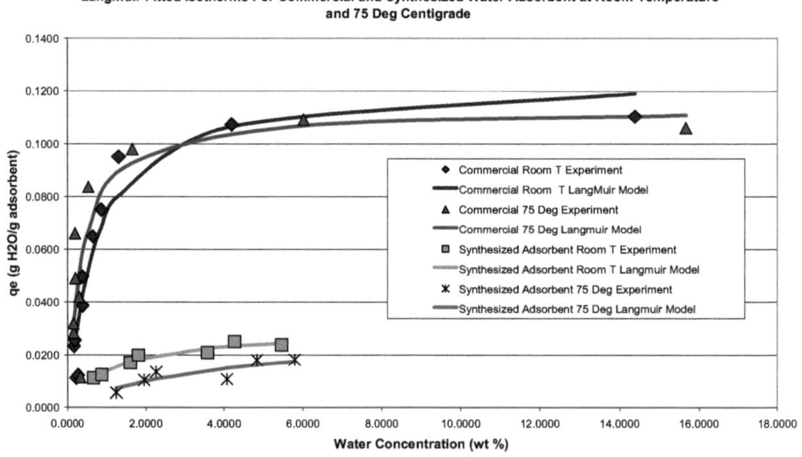

Rysunek 4.29 Wybrany model Langmuira zawierał izotermy adsorpcji handlowego zeolitu 3A i adsorbentu wody syntetycznej.

4.9 Krzywa odwodnienia handlowego zeolitu 3A i syntetycznego adsorbentu wodnego

Adsorbent wodny syntetyzowany ze zużytej ziemi bielonej został użyty w stołowej kolumnie pilotowej (rysunek 3.2) o średnicy wewnętrznej 1 cm i długości 30 cm do odwodnienia mieszaniny azeotropowej wody etanolowo-wodnej. Ilość użytego adsorbentu wodnego wynosiła około 32 g. Dla porównania użyto zeolitu handlowego 3A.

W tabeli 4.11 przedstawiono charakterystykę handlowego zeolitu 3A i adsorbentu wodnego syntetyzowanego do celów doświadczenia z krzywą odwodnienia. Gęstość nasypowa zeolitu handlowego wynosiła 0,8031 g/cm3, gęstość pozorna 1,6061 g/cm3, a frakcja nieważna 0,4833. Gęstość nasypowa i frakcja pusta adsorbentu wody syntetycznej w tym badaniu były porównywalne z innymi badaczami. Jeong *i in.* (2012) użyli zeolitu 3A o średnicy 2,4-4,2 mm, gęstości nasypowej 0,793 g/cm3 i frakcji pustej 0,45. Burrichter *i wsp.* (2014) użyli zeolitu 3A o średnicy 1-2 mm, gęstości nasypowej 0,70 g/cm3 i frakcji pustej 0,40. Gabrus *i wsp.* (2015) w swoich badaniach stosowali zeolit 3A o średnicy cząstek 2,67 mm, gęstości nasypowej 0,848 g/cm3 i porowatości złoża 0,372.

Tabela 4.11 Charakterystyka adsorbentu do doświadczeń odwadniających

Charakterystyka fizyczna	Zeolit handlowy 3A	Adsorbent wody syntetycznej
Gęstość nasypowa (g/cm3)	0.8031 ± 0.0404	0.5895 ± 0.0078
Gęstość pozorna (g/cm3)	1.6061 ± 0.0808	2.7277 ± 0.1517
Frakcja nieważna, ε	0.4833 ± 0.0144	0.7833 ± 0.0144
Pobór wody (g H2O/g ads) 25	0.0421 ± 0.0040	0.0390

W badaniu tym do określenia porowatości złoża zastosowano glikol polietylenowy 600 (PEG 600) zamiast rtęci (Webb, 2001). Glikol polietylenowy o średniej masie cząsteczkowej > 800 występuje w postaci woskowo-białego ciała stałego w temperaturze pokojowej (Chen i *in.*, 2004) i nie jest odpowiedni jako czynnik wypierający w pomiarze gęstości lub porowatości. Według Barcena-Uribarri *i in.* (2013), promień hydronamiczny PEG 600 wynosił 0,8 nm (8 Å), co jest większe niż przeciętna wspólna średnica porów zeolitu wspólnego. Promień hydrodynamiczny jest to promień efektywnej sfery makrocząsteczek z uwzględnieniem wpływu rozpuszczalnika (Linegar *i in.* , 2010). Podsumowując, uzyskane w tym badaniu wyniki dotyczące gęstości nasypowej i frakcji pustej złoża były porównywalne z innymi badaczami.

Wyniki doświadczenia odwodnieniowego przedstawiono (w postaci krzywej odwodnienia) jak na rysunkach 4.30 i 4.31 odpowiednio dla adsorbentu wodnego syntezowanego ze zużytej ziemi bielonej i komercyjnego adsorbentu 3A. Eksperymenty zostały przeprowadzone w trzech różnych szybkościach przepływu produktów: 0,0129 cm3/s, 0,0289 cm3/s i 0,0373 cm3/s dla adsorbentu wody syntetyzowanej oraz 0,0154 cm3/s, 0,0309 cm3/s i 0,0396 cm3/s dla zeolitu handlowego 3A. Każdy eksperyment był replikowany 3 razy

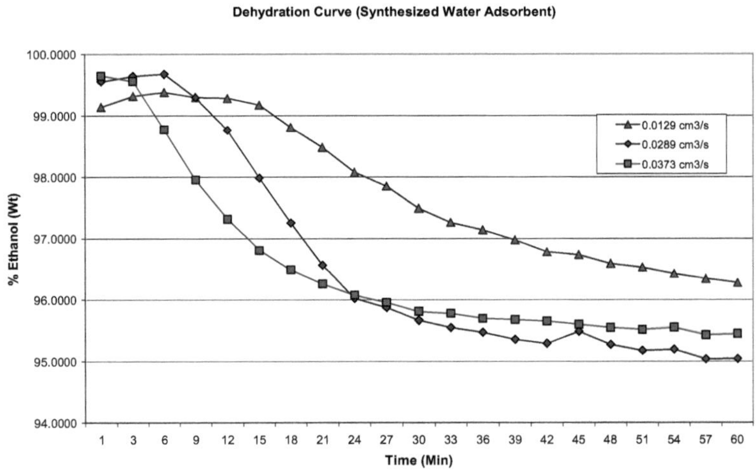

Rys. 4.30 Stężenie alkoholu etylowego na wylocie kolumny do dehydratacji w skali pilotowej przy użyciu adsorbentu wody syntetycznej

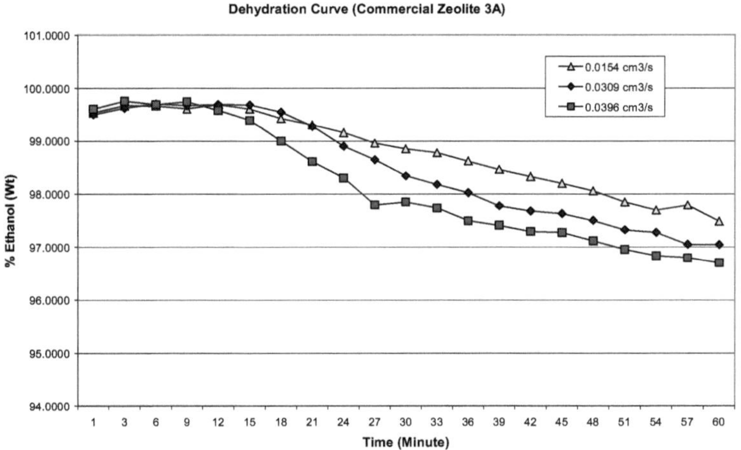

Rys. 4.31 Stężenie alkoholu etylowego na wylocie kolumny do dehydratacji w skali pilotowej przy użyciu handlowego zeolitu 3A

Krzywa odwodnienia na rysunkach 4.30 i 4.31 pokazuje, że oba adsorbenty były w stanie odwodnić azeotropową mieszankę etanol-woda do ponad 99% mas. alkoholu etylowego, co było zalecanym stężeniem alkoholu etylowego dla nośnika dla całego tempa przepływu produktu. W tym badaniu czas odwodnienia został zdefiniowany jako czas, w którym stężenie alkoholu etylowego jest mniejsze niż 99% mas. Czas dehydratacji dla najmniejszego przepływu produktu (odpowiednio 0,0129 cm3/s i 0,0154 cm3/s dla adsorbentu wody syntetyzowanej i zeolitu handlowego 3A) wynosił około 18 minut dla adsorbentu wody syntetyzowanej i 26 minut dla zeolitu handlowego 3A. Wydajność tego adsorbentu wody syntetycznej pod względem czasu odwodnienia wynosiła około 66% wydajności adsorbentu wody komercyjnej przy najniższym przepływie produktu.

Oczywiste było, że czas odwodnienia był dłuższy w przypadku niższego przepływu produktu, zarówno w przypadku adsorbentu wody handlowej, jak i syntetycznej. Wynikało to z faktu, że przy większym natężeniu przepływu, więcej wody było adsorbowane i szybciej nasyciło adsorbowane łóżko. Dla porównania, Klamrassame *i wsp.* (2010) testowali syntetyczny adsorbent wodny (hydrat krzemianu glinowo-sodowego) w adsorberze stacjonarnym (0,4 cala średnicy wewnętrznej i 15 cala długości). Stosowane natężenie przepływu produktu wynosiło 1 cm3/min (0,016 cm3/s). Ich wyniki wykazały, że czas odwodnienia dla 99% masy etanolu wynosił 3 minuty. Dlatego czas odwodnienia uzyskany w tej pracy badawczej (18 minut) był porównywalny lub lepszy niż u innych badaczy. Jeong *i wsp.* (2012) badali odwodnienie etanolu z 92,4% mas. do 99,7% mas. za pomocą ciągłego adsorbera zeolitu stałego 3A. Ilość użytego zeolitu 3A wynosiła 140 kg o wielkości 2,4-4,2 mm. Wydajność produkcji wynosiła 170 l/h (47,2 cm3/s), a czas cyklu adsorpcji (czas odwodnienia) 230 s (3,83 min). Obliczenia wykazały, że produkcja etanolu na gram użytego adsorbentu wynosiła 0,0776 cm3/g adsorbentu. Obliczona produkcja etanolu na gram adsorbentu użytego w tym badaniu wyniosła 0,4344cm3/g adsorbentu przy 99% mas. czystości etanolu. Dla porównania, czas dehydratacji i tempo produkcji tej pracy badawczej wykazały, że adsorbent wodny syntetyzowany ze zużytej ziemi bielonej może być wykorzystywany do ciągłego procesu dehydratacji etanolu.

Istnieje kilka powodów, które przyczyniły się do gorszej wydajności adsorbentu wody syntetyzowanej w porównaniu z komercyjnym zeolitem 3A. Po pierwsze, maksymalny pobór wody dla adsorbentu wody syntetyzowanej w temperaturze pokojowej i pod ciśnieniem atmosferycznym był mniejszy niż komercyjny zeolit 3A. Średni pobór wody z syntezowanego adsorbentu wodnego wynosił 0,0390 g H2O/g adsorbentu w temperaturze pokojowej i pod ciśnieniem atmosferycznym. Średni pobór wody z handlowego zeolitu 3A wynosił 0,0421 0±,0040 g H2O/g adsorbentu w temperaturze pokojowej i pod ciśnieniem atmosferycznym. Izotermy obu adsorbentów w sekcji 4.8 potwierdziły, że woda adsorbowana przez adsorbent wody syntetyzowanej była zawsze niższa od komercyjnego zeolitu 3A.

Po drugie, jest czynnikiem kształtu i wielkości adsorbentu. Rozkład wielkości i kształtu handlowego zeolitu 3A był bardziej jednolity w porównaniu z adsorbentem syntetycznym. Kształt był kulisty z 99,72% masą w zakresie średnic 1,0 - 2,0 mm. Tabela 4.12 przedstawia wyniki średniego rozkładu wielkości handlowych zeolitów 3A przy użyciu wytrząsarki sitowej. To określenie rozkładu wielkości zostało powtórzone 3 razy. Kształt syntetycznego adsorbentu wodnego nie był kulisty i nie był jednolity. Kształt był typu płatków.

Tabela 4.12 Rozkład wielkości handlowych zeolitów 3A

Rozmiar (mm)	**Średnia waga (g)**	**% Waga**
>2	0.08 ± 0.08	0.25
1.0 – 2.0	32.90 ± 0.25	99.72
<1.0	0.01 ± 0.00	0.03
Razem	32.99	100.00

W tabeli 4.13 przedstawiono rozkład wielkości adsorbentu wody syntetycznej stosowanego w odwadnianiu etanolu. Z tabeli wynika, że wielkość płatków mieściła się w przedziale od ponad 0,00 mm do mniej niż 9,50 mm. 30,94% mas. płatków mieściło się w zakresie wymiarów od 4,75 mm do 9,50 mm, a 47,42% mas. płatków mieściło się w zakresie wymiarów od 0,20 mm do 1,00 mm. Wyniki te wyraźnie pokazały, że wielkość adsorbentu wody syntetyzowanej nie jest jednolita i wpływa na wydajność adsorbentu wody syntetyzowanej. Małe cząstki, takie jak w przypadku zeolitu handlowego 3A, zwiększają powierzchnię właściwą, a tym samym zwiększają pobór lub adsorpcję wody na gram adsorbentu (Sun *i in.* , 2007; Buasri *i in.* 2008, Okewale *i in.* , 2011 oraz Hsu *i in.*, 2013).

Tabela 4.13 Rozkład wielkości adsorbentu wody syntetycznej.

Rozmiar (mm)	**Średnia waga (g)**	**% Waga**
> 9.50	0.00 ± 0.00	0.00
4.75-9.50	10.00 ± 0.00	30.94
1.00-4.75	0.00 ± 0.00	0.00
0.20-1.00	15.33 ± 0.43	47.42
0.10-0.20	4.61 ± 0.40	14.26
0.05-0.10	1.34 ± 0.06	4.14
< 0.05	1.05 ± 0.18	3.24
Razem	32.33	100.00

W tabeli 4.14 przedstawiono szacunkowy procentowy udział zużytego złoża, objętość produktu przy czystości etanolu > 99% mas. oraz czas odwodnienia w doświadczeniu odwodnienia etanolu przy użyciu handlowego zeolitu 3A i adsorbentu wody syntetycznej przy trzech różnych wartościach przepływu. Dla handlowego zeolitu 3A najlepszy stan był przy średnim natężeniu przepływu (0,0309 cm3/s), przy największej objętości produktu (38,9 cm3) przy czystości etanolu > 99% mas. i czasie odwodnienia 21 minut. Najwyższe wykorzystanie złoża miało miejsce przy najwyższym przepływie, jednak objętość otrzymanego produktu była niższa od średniego przepływu. Dla adsorbentu wody zsyntetyzowanej najlepszy stan był również przy średnim natężeniu przepływu (0,0289 cm3/s), z najwyższą objętością produktu 15,6 cm3 przy czystości etanolu > 99% mas. przy czasie odwodnienia 9 minut i zużytym złożu 40,7%. Ponownie uznano, że różnice w wydajności spowodowane są nieregularnym kształtem i wielkością oraz izotermą syntetycznego adsorbentu wodnego, jak omówiono w poprzednim akapicie.

Tabela 4.14 Szacowany procent zużytego złoża, całkowita objętość produktu i czas odwodnienia

	Zeolit handlowy 3A		
Natężenie przepływu (cm3/s)	0.0154	0.0309	0.0396
Zużyte łóżko (%)	72.3	86.9	96.8
Całkowita objętość produktu (cm3)	24.1	38.9	35.7
Czas odwodnienia (min)	26	21	15
	Adsorbent wody syntetycznej		
Natężenie przepływu (cm3/s)	0.0129	0.0289	0.0373
Zużyte łóżko (%)	34.5	40.7	15.5
Całkowita objętość produktu (cm3)	13.9	15.6	6.7
Czas odwodnienia (min)	18	9	3

4.10 Model krzywej odwodnienia handlowego zeolitu 3A i syntetycznego adsorbentu wodnego

Model Yoona i Nelsona (1992) został dobrany do danych doświadczalnych krzywej odwodnienia mieszaniny etanolu i wody handlowej zeolitu 3A i adsorbentu wody syntetycznej. Model został z powodzeniem zastosowany do opisu krzywej odwodnienia dla odmian adsorbatów i adsorbentów (Tsai *i in.* , 1999; Rezaeeet i in. , 2011). Model ten był mniej skomplikowany i wymagał mniej danych o cechach adsorbentu.

Doświadczalne dane dotyczące odwodnienia z sekcji 4.9 zostały dopasowane do modelu Yoon i Nelson przy użyciu oprogramowania Polymath 5.0. Zamontowane krzywe odwodnienia zostały zilustrowane na rysunkach 4.32 i 4.33. Dane liczbowe pokazują, że porozumienie pomiędzy modelem Yoon i Nelsona oraz dane eksperymentalne dotyczące odwodnienia były wysokie. W tabeli 4.15 przedstawiono parametry adsorbentu wodnego modelu Yoon i Nelsona dla dopasowanych danych doświadczalnych dotyczących odwodnienia syntetyzowanego adsorbentu wodnego i handlowego zeolitu 3A dla odpowiedniego natężenia przepływu produktu.

Wartości R2 (minimalna wartość wynosiła 0,9826 dla adsorbentu wody syntetyzowanej przy przepływie produktu 0,0373 cm3/s) potwierdziły, że dane dotyczące doświadczalnego odwodnienia można modelować przy użyciu prostego modelu Yoona i Nelsona. Wartość (τ czas w Cb = Ci/2) była zawsze wysoka dla handlowego zeolitu 3A w porównaniu z adsorbentem wody syntetyzowanej przy całym natężeniu przepływu produktu. Wartości te były pośrednim wskaźnikiem, że czas dehydratacji komercyjnego zeolitu 3A był lepszy niż adsorbentu wody syntetyzowanej. Tabela 4.15 pokazuje również, że wartość ta τ była zawsze wyższa przy niskim przepływie produktu w porównaniu z wysokim przepływem produktu zarówno dla handlowego zeolitu 3A, jak i adsorbentu wody syntetyzowanej.

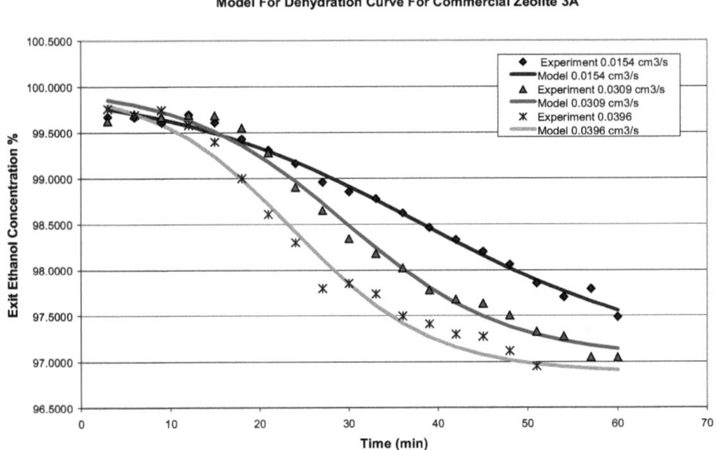

Rysunek 4.32 Dopasowany model Yoona i Nelsona do danych dotyczących odwodnienia handlowego zeolitu 3A

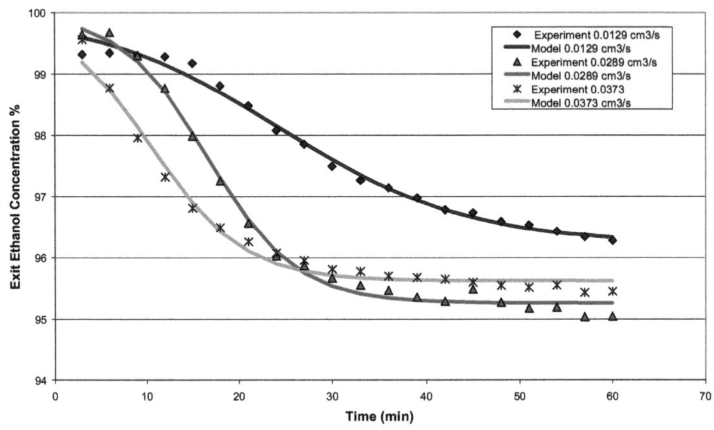

Rysunek 4.33 Dołączony model Yoon i Nelson do danych dotyczących odwodnienia syntetycznego adsorbentu wodnego

Tabela 4.15 Parametry modelu Yoon i Nelson z zamontowanymi danymi dotyczącymi odwodnienia

Adsorbent wody syntetycznej			
Przepływ (cm3/s)	**k'**	**τ**	**R2**
0.0129	0.0995	24.4558	0.9910
0.0189	0.2095	16.6938	0.9946
0.0373	0.1978	10.5223	0.9826

Zeolit handlowy 3A			
Przepływ (cm3/s)	**k'**	**τ**	**R2**
0.0154	0.0688	38.0097	0.9921
0.0309	0.1111	29.5866	0.9872
0.0396	0.1281	23.7694	0.9831

Wysoka wartość τ wskazywała, że czas odwodnienia był dłuższy przy niskim przepływie produktu w porównaniu z wysokim przepływem produktu zarówno dla adsorbentu wody syntetyzowanej, jak i handlowego zeolitu 3A.

Tsai *et al.* (1999) i Rezaeeet *al.* (2011) oszacowali wartość k', stałą wskaźnika z powierzchni nachylenia ln $(C_b/(C_i-C_b))$ w stosunku do czasu odwodnienia, t. Wartość ta τ została oszacowana w czasie, gdzie Cb = Ci/2. Autorzy wspomnieli, że zarówno k', jak i τ były zależne od stężenia adsorbatu i natężenia przepływu. W swoich badaniach, po oszacowaniu stałej k' i τ, czas odwodnienia można obliczyć na podstawie danych C_i i Cb (stężenie adsorbatów wlotowych i wylotowych) przy użyciu modelu Yoon i Nelsona, $t = \tau + (1/k') \ln (C_b/(C_i - C_b))$. W tej pracy stężenie wyjściowe, Cb obliczono na podstawie danych dotyczących czasu odwodnienia, t i stężenia wyjściowego C_i. W celu obliczenia Cb, model Yoon i Nelson został przeorganizowany, aby uzyskać

$$C_b = \frac{C_i \exp(k'(t-\tau))}{1+\exp(k'(t-\tau))} \qquad 3.4$$

Przy pomocy oprogramowania Polymath 5.0, danych doświadczalnych dotyczących czasu odwodnienia, t i stężenia wyjściowego, Cb dopasowano do równania (3.4). Aby uzyskać najlepsze dopasowanie, program obliczył wartość stężenia wejściowego, C_i, stałą k' i stałą τ.

4.11 Temperatura suszenia adsorbentu wody syntetyzowanej

Haden *i wsp.* (1961) podali, że zeolit A może być odwodniony w temperaturze 104°C do 538°C, najlepiej w temperaturze 204°C do 370°C. Struktura porów zeolitu załamuje się w przypadku zastosowania temperatury wyższej niż 538°C. Al-Asheh *i wsp.* (2004) stosowali w swoich badaniach zeolity typu 3A, 4A i 5A. Aby zapewnić odparowanie całej wilgoci, sita molekularne zostały wysuszone w temperaturze 190-210°C. Zgodnie z etykietą butelki komercyjnego zeolitu A użytego w tym badaniu, temperatura pomiędzy 200-300°C może być użyta do aktywacji sita molekularnego.

W badaniach tych suszenie lub regenerację adsorbentu zsyntetyzowanej wody prowadzono za pomocą analizatora termicznego grawimetrycznego w temperaturze 110°C, 130°C, 160°C, 220°C i 280°C w przepływie N2 (100 ml/min) przez 200 min. Każdy eksperyment był replikowany 3 razy. W tabeli 4.16 przedstawiono wyniki różnicy wagowej adsorbentu wody syntetyzowanej podczas regeneracji w wybranej temperaturze suszenia. Wyniki wykazały, że najlepsza temperatura suszenia adsorbentu zsyntetyzowanej wody wynosiła 280°C, na co wskazywała największa utrata masy.

Tabela 4.16 Temperatura regeneracji adsorbentu wody syntetycznej.

Temperatura suszenia (°C)	Średnia różnica wagowa Różnica (% masy)
110	18.2 ± 2.9
130	19.3 ± 3.9
160	19.7 ± 3.1
220	23.8 ± 2.0
280	25.7 ± 0.5

4.12 Kost syntetycznego adsorbentu wodnego

W tabeli 4.17 przedstawiono szczegóły dotyczące kosztów i wydajności syntetycznego adsorbentu wodnego. Pod uwagę wzięto koszty surowca, wody destylowanej, wody chłodzącej i energii elektrycznej. Do kalkulacji kosztów produktu wybrano trzy próbki. Dodany tlenek glinu, dodana woda, temperatura topnienia, czas leżakowania i temperatura leżakowania były podobne dla wszystkich próbek. Różnica polegała jedynie na dodaniu KOH, odpowiednio 51%, 56% i 61% masy materiału dla próbki 1, próbki 2 i próbki 3. Wydajność produktu w oparciu o masę wyjściową SBE, tlenku glinu i KOH wynosiła odpowiednio 83,4%, 76,6% i 72,8% dla próbki 1, próbki 2 i próbki 3.

Obliczone koszty produktu na kg (materiał i media) wyniosły odpowiednio 711,02 RM, 645,92 RM i 722,83 RM dla próbki 1, próbki 2 i próbki 3. Koszt produktu uwzględniony w zużyciu energii elektrycznej wyniósł 756,26 RM, 690,16 RM i 767,07 RM za kg dla próbki 1, próbki 2 i próbki 3. Dla porównania, cena 1 kg handlowego zeolitu 3A użytego w tym badaniu wyniosła w 2013 r. 1400 RM.

Rzeczywisty koszt powinien być niższy i może być obniżony z następujących powodów. Po pierwsze, cenę zakupu SBE uznano za zbliżoną do ceny zakupu kaolinu, tj. RM 2000 za tonę. Po drugie, zastosowane korund i KOH pochodziły z odczynnika. Cena zakupu chemikaliów klasy odczynnikowej była znacznie wyższa w porównaniu z chemikaliami klasy przemysłowej. Po trzecie, koszt energii elektrycznej opierał się na maksymalnej mocy urządzeń. Ostatnim powodem był fakt, że czas trwania regeneracji SBE, fuzji, suszenia itp. nie został jeszcze zoptymalizowany i może zostać skrócony w celu zmniejszenia kosztów mediów.

Tabela 4.17 Wydajność i koszt produktu

WYDAJNOŚĆ PRODUKTU I

OPIS	Próbka 1	Próbka 2	Próbka 3
Dodatek tlenku glinu (%	80	80	80
Dodatek KOH (% masy	51	56	61
Dodatek wody (w % mas.)	65	65	65
Temperatura topnienia	650	650	650
Temperatura starzenia się	80	80	80
Czas starzenia się (Dni)	5	5	5
Pobór wody (g H2O/g	0.0320	0.0499	0.0369

YIELD	Próbka 1	Próbka 2	Próbka 3
Surowiec Masa własna (g)	11.2760	15.6753	13.6694
Masa produktu (g)	9.4005	12.0106	9.9475
YIELD (w %)	83.4	76.6	72.8

KOSZT	Próbka 1		Próbka 2		Próbka 3	
	Zastosowa	RM	Zastosowa	RM	Zastosowa	RM
SBE g)	4.1608	0.01	5.5952	0.01	4.7259	0.0
Korund (g)	3.3289	1.53	4.4773	2.06	3.7816	1.7
KOH (g)	3.7863	0.55	5.6028	0.82	5.1618	0.7
KOH g) dla refluksu	5.5741	0.81	7.4754	1.09	6.2331	0.9
Razem		2.91		3.98		3.4

KOSZT	Próbka 1		Próbka 2		Próbka 3	
	Zastosowa	RM	Zastosowa	RM	Zastosowa	RM
Woda destylowana (g)	2113.2000	0.86	2113.2000	0.86	2113.2000	0.8
Woda chłodząca -SATU	2533248.0	2.91	2533248.0	2.91	2533248.0	2.9
Razem		3.78		3.78		3.7

KOSZT ENERGII	Próbka 1		Próbka 2		Próbka 3	
	kWh	RM	kWh	RM	kWh	RM
Regeneracja SBE (750°C,	24.10	7.75	24.10	7.75	24.10	7.7
Fusion (650 °C, 12 h)	24.10	7.75	24.10	7.75	24.10	7.7
1. i 2. Refluks (96 h)	24.96	8.06	24.96	8.06	24.96	8.0
1. i 2. suszenie (40 h)	64.10	20.6	64	20.67	64.10	20.
Razem		44.2		44.24		44.

KOSZT PRODUKTU	Próbka 1	Próbka 2	Próbka 3
Koszt produktu (materiał + media). RM/g	0.71	0.65	0.72
Koszt produktu (materiał + media). RM/kg	711.02	645.92	722.83
Koszt produktu (materiał + media + elektryczność).	755.26	690.16	767.07

CHAPTER 5

WNIOSKI I ZALECENIA

5.1 Włączenie

Adsorbent wodny do odwodnienia azeotropu etanol-woda może być syntetyzowany z SBE przy użyciu zmodyfikowanej metody syntezy. Adsorbent wodny może być stosowany do odwadniania mieszaniny azeotropowo-etanolowo-wodnej do >99% mas. etanolu, który może być mieszany z benzyną jako paliwo alternatywne dla pojazdów. Ustalenie to może zwiększyć liczbę sposobów na zmniejszenie ilości odpadów SBE, które były składowane na składowiskach. Szczegóły dotyczące zakończonych wyników można znaleźć w kolejnych akapitach.

Zmodyfikowana metoda syntezy okazała się skuteczna w wytwarzaniu twardego, spójnego adsorbentu wodnego z kaolinu i zregenerowanej ziemi bielonej. Wytworzony adsorbent wodny był w stanie adsorbować wodę z mieszaniny azeotropowej wody etanolowo-wodnej. Analiza XRD wykazała, że adsorbent wodny nie jest typem zeolitu A. Jednak na podstawie zdjęć FESEM stwierdzono, że adsorbent wodny składa się z kilku typów faz, takich jak zeolit A, X, MFI plus faza amorficzna.

Wyniki uzyskane techniką OVAT wykazały, że najlepsze warunki uzyskano przy dodatku korundu 80 g/100 g materiału, 5-dniowym czasie leżakowania, temperaturze leżakowania 80oC, dodatku KOH 71% masy materiału, dodaniu wody 65% masy materiału gruntowego i temperaturze topnienia 650oC. Metoda wielokrotnego porównywania Tukeya wykazała jednak, że żadna z badanych zmiennych dodawanego korundu, czasu dojrzewania i dodawanego KOH nie była znacząca. Metoda wielokrotnego porównywania Tukey'a wykazała, że wyniki były istotne dla temperatury starzenia 40oC, 60oC i 80oC. Metoda wielokrotnego porównywania Tukey'a wykazała również znaczące wyniki temperatury syntezy 350oC, 450oC i 550oC. Analiza TGA wykazała, że temperatura regeneracji SBE wynosiła 750oC .

Wyniki uzyskane na podstawie usystematyzowanego, pełnego, wielopoziomowego projektowania czynnikowego metody eksperymentalnej wykazały, że główny wpływ dodanego tlenku glinu, dodanej wody, temperatury syntezy i czasu starzenia był istotny. Nie stwierdzono istotnego wpływu na główny efekt dodawania KOH i temperatury starzenia. Analiza wykazała również, że istnieją dwa sposoby oddziaływania pomiędzy temperaturą syntezy i temperaturą starzenia się; oraz temperaturą syntezy i czasem starzenia. Najlepsze warunki do produkcji adsorbentu wodnego stwierdzono przy temperaturze syntezy 550oC, temperaturze starzenia 80oC, 3 dniach starzenia, dodaniu tlenku glinu 80 g tlenku glinu/100 g materiału, dodaniu wody 65% masy stopionego materiału oraz dodaniu KOH 56% masy materiału przy oczekiwanej reakcji lub poborze wody przy 0,0343 g H2O/g adsorbentu.

Wyniki badań izotermicznych wykazały, że komercyjne izolity A są lepsze od adsorbentów wodnych do syntezy SBE. Wartość R2 wykazała, że model Langmuira lepiej pasuje do danych doświadczalnych niż model Freundlicha. Oba modele lepiej dopasowały się do danych doświadczalnych w temperaturze pokojowej niż w przypadku eksperymentów w 75oC. Wyniki badań laboratoryjnych wykazały, że adsorbent wody zsyntetyzowanej i komercyjny zeolit 3A (dla porównania) był w stanie odwodnić azeotropową mieszankę etanolowo-wodną o stężeniu wyższym niż 99% mas. etanolu, co stanowiło zalecane stężenie etanolu w podłożu. Wydajność adsorbentu wody zsyntetyzowanej stanowiła około 66% wydajności adsorbentu wody komercyjnej pod względem czasu przebicia (czas do uzyskania stężenia etanolu > 99% mas.). Wartość R2 wynosząca ponad 0,98 wykazała, że model Yoona i Nelsona może być użyty do modelowania eksperymentalnej krzywej odwodnienia mieszaniny etanolu i wody. Obliczony koszt produktu (z uwzględnieniem surowców, mediów i energii elektrycznej) dla adsorbentu wody syntetycznej wynosił mniej niż 768,00 RM za kilogram. Analiza TGA wykazała, że najlepsza temperatura do regeneracji syntetycznego adsorbentu wodnego była lepsza w 280oC w porównaniu z 220oC.

5.2 Rekomendacje

Metoda zastosowana w tych badaniach pozwoliła na uzyskanie twardego i spójnego adsorbentu wodnego bez późniejszego procesu wiązania. Jednak wytworzony adsorbent wodny miał kształt płatków i nie był jednolity w porównaniu z handlowym zeolitem 3A. Rozmiar płatków i nieregularny wpływa na wydajność adsorbentu wody syntetyzowanej podczas odwadniania mieszaniny etanolu i wody. W związku z tym w przyszłych pracach należy zbadać metody i techniki wytwarzania jednolitych kulistych adsorbentów wodnych w zakresie średnic 1-2 mm. W przyszłych pracach można również zbadać wpływ wielkości adsorbentu na odwodnienie mieszaniny etanolu i wody.

Standardowe odchylenia w poborze wody z adsorbentu wodnego produkowanego z wypalonej bielonej ziemi były wysokie. Uważa się, że wysokie odchylenia standardowe wynikają z wysokich odchyleń standardowych w składach zregenerowanych zużytych ziem bielonych, omówionych w poprzednim rozdziale. Innym powodem była obecność zanieczyszczeń takich jak Fe2O3, CaO, MgO i kwarc. Dlatego też w przypadku przyszłych prac należy podkreślić techniki zmniejszania odchylenia standardowego. Jedną z możliwych technik jest mycie i suszenie zregenerowanego SBE (stosunek masy zregenerowanego SBE do wody wynosi 1:6) co najmniej dwa razy w celu usunięcia koloidalnych zanieczyszczeń. Inną techniką jest dokładne wymieszanie regenerowanego SBE z dużą ilością wody. Następnie, niech SBE rozdzieli się na warstwy przez osiadanie grawitacyjne. Próbki z każdej warstwy powinny być pobierane, suszone i analizowane przy użyciu urządzenia XRD i wykorzystywane do syntezy adsorbentu wodnego. Analiza poboru wody pozwoli określić, która z warstw wytworzyła najlepszy adsorbent wodny. W innej technice SBE może być nasączony kwasem solnym w celu usunięcia zanieczyszczeń takich jak Mg2+ i Fe2+. Jednakże korund został również wyekstrahowany i musi być dodany podczas syntezy zeolitu A. Tlenek żelaza w SBE może być również oddzielony za pomocą magnesu, a następnie poddany działaniu kwasu w celu usunięcia Fe2O3, CaO i MgO.

Istnieje wiele parametrów, które przyczyniły się do udanej syntezy adsorbentu wodnego z zużytej ziemi bielącej. W pracach tych badano tylko sześć parametrów, a mianowicie wpływ dodawanej wody, dodawanego KOH, dodawanego tlenku glinu, temperatury topnienia, temperatury starzenia oraz czasu starzenia na pobieranie wody z produktu. Zastosowana metoda była prosta i umożliwiała produkcję adsorbentu wodnego z różnych źródeł krzemionki/aluminium. Jednak czas potrzebny do wyprodukowania próbki adsorbentu wodnego był czasochłonny. Na przygotowanie próbki adsorbentu wodnego potrzeba było prawie 2 tygodni. W związku z tym sześć czynników zostało podzielonych na 2 grupy w celu zmniejszenia liczby doświadczeń dla techniki pełnoczynnikowej DOE w niniejszej pracy. W przyszłych pracach badawczych należy położyć nacisk na to, jak skrócić czas produkcji adsorbentu wodnego. Istnieje wiele innych parametrów, które nie zostały uwzględnione, a które mogą skrócić czas produkcji, takich jak czas regeneracji zużytej ziemi wybielającej (SBE), czas fuzji, czas refluksu i czas suszenia. Po skróceniu czasu produkcji, wszystkie sześć parametrów może być badane jednocześnie przy użyciu techniki DOE, która jest bardziej odpowiednia i wszechstronna w określaniu znaczenia efektów głównych i interakcji.

Yoon i Nelson, $t = \tau + (1/k') \ln (Cb/ (C_i - C_b))$ byli w stanie opisać dane doświadczalne dotyczące krzywej odwodnienia mieszaniny etanolu i wody przy użyciu handlowego zeolitu 3A i syntetycznego adsorbentu wodnego ze zużytej ziemi bielącej. Chociaż równanie wygląda na proste, wielu badaczy wykazało eksperymentalnie, że model był funkcją rodzaju adsorbentu, rodzaju adsorbentu, stężenia adsorbentu na wlocie, wydajności produktu (tj. natężenia przepływu) i temperatury roboczej. W swoich eksperymentach zależność od temperatury pracy opisywali relacją Arrheniusa. Jednakże nie ma w modelu żadnych określeń dotyczących pojemności produktu, wysokości łóżka oraz pustki w łóżku, które są niezbędne w projekcie stałej kolumny adsorpcyjnej łóżka. W związku z tym, w przypadku przyszłych prac, model powinien zostać rozszerzony o wspomniane parametry i zatwierdzony przez prace eksperymentalne. Na przykład, należy przeprowadzić krzywą przebicia lub krzywą odwodnienia dla kilku wysokości złoża, aby znaleźć związek równania z głębokością złoża.

REFERENCJE

Abdul Mudalip S.K. 2007. *Wpływ fal ultradźwiękowych na równowagę par cieczy (VLE) w mieszankach normalnych i azetropowych.* Praca magisterska. Universiti Teknologi Malaysia, Malezja.

Abd Wafti N.S., Kien Yew C., Shean Yaw T.C. i Abdullah L.C. 2011. Regeneracja i charakterystyka Zużytej Gliny Wybielającej. *Journal of Palm Oil Research.* 23: 999-1004.

Anuwattana R. i Khummongkol P. 2009. Konwencjonalna hydrotermiczna synteza Na-A Zeolitu z Cupola Slag i szlamu aluminiowego. *Journal of Hazardous Materials.* 166: 227-232.

Al-Asheh S., Banat F. i Al Lagtah, N. 2004. Separacja mieszanek etanolowo-wodnych przy użyciu sit molekularnych i adsorbentów na bazie biologicznej. *Badania i projektowanie w dziedzinie inżynierii chemicznej.* 82(A7): 855-864.

Ali I., Asim M. i Khan T.A. 2012. Niskokosztowne adsorbenty do usuwania zanieczyszczeń organicznych ze ścieków. *Journal of Environmental Management.* 113: 170-183.

Ayele L., Perez-Pariente J., Chebude Y. i Diaz I. 2015. Synteza Zeolitu A z etiopskiego Kaolinu. *Materiały mikroporowate i mezoporowate.* 215: 29-36.

Barcena-Uribarri I., Thein M., Maier E., Bonde M., Bergstrom S. i Benz R. 2013. Use of Nonelectrolytes Reveals The Channel Size and Oligomeric Constitution of The Borrelia Burgdorfer P66 Porin (online). *PloS ONE.* 9(8). http:/www.journal.plos.org./plosone/article/?id=10.1371/journal.pone.00078272

Belviso C., Cavalcante F. i Fiore S. 2010. Synteza Zeolitu z włoskiego popiołu lotnego: Różnice w temperaturze krystalizacji przy użyciu wody morskiej zamiast wody destylowanej. *Zarządzanie odpadami.* 30: 839-847.

Bjorgen M., Joensen F., Holm M.S., Olsbye U., Lillerud K.P. i Svelle S. 2008. Metanol do benzyny ponad H-ZSM-5 Katalizator: Poprawa wydajności katalizatora Bt z NaOH. *Zastosowany Katalizator A: Generale.* 345: 43-50.

Boey P.L., Saleh M.I., Sapawe N., Ganesan S., Maniam G. P. i Hag Ali D.M. 2011. Piroliza pozostałości oleju palmowego w wypalanej glinie wybielającej za pomocą zmodyfikowanego pieca rurowego oraz analiza produktów za pomocą GC-MS. *Journal of Analytical and Applied Pyrolisis.* 91: 199-204.

Bolto B., Hoang M. i Xie Zongli. 2011. A Review of Membrane Selection For The Dehydration of Aqueous Ethanol By Pervaporation. *Inżynieria chemiczna i przetwórstwo: Intensyfikacja procesu.* 50: 227- 235.

Buasri A., Chaiyut N., Phattarasirichot K., Yongbut P. i Nammueng L. 2008. *Chiang Mai Journal of Science.* 35(3): 447-456.

Burrichter B., Pasel C., Luckas M. i Bathen D. 2014. Badanie parametrów suszenia izopropanolu w adsorberze ze stałym łóżkiem. *Technologia separacji i oczyszczania.* 132: 736 – 743.

Calinescu I., Sarbu E. i Trifan A. Regeneracja sit molekularnych 3A, ogrzewanie konwencjonalne vs. mikrofalowe. *Revista de Chemie.* 64(10): 1146-1150

Chang H., Yuan X., Tian H. i Zeng A. 2006. Eksperyment i przewidywanie krzywych przełomowych dla adsorpcji pary wodnej na mączce kukurydzianej w łóżku zapakowanym. *Inżynieria chemiczna i przetwórstwo.* 45: 747-754

Chareonpanich M., Jullaphan O. i Tang C. 2011. Ławka do syntezy Zeolitu A z popiołów węgla subbitumicznego o wysokiej zawartości krzemionki krystalicznej. *Journal of Cleaner Production.* 19: 58-63.

Chen J., Spear S.K., Huddleston J.G. i Rogers R.D. 2004. Glikol polietylenowy i rozwiązania z glikolu polietylenowego jako medium reakcji zielonej. *Zielona Chemia.* 7: 64-82.

Cho K., Ryoo R., Asahina S., Xioa C., Klingstedt M., Umemura A., Anderson M.W. i Terasaki O. 2011. Generacja mezoporów za pomocą organosilanowego środka powierzchniowo czynnego podczas krystalizacji zeolitu LTA Badane za pomocą symulacji SEM wysokiej rozdzielczości i Monte Carlo. *Solid State Science.* 13: 750-756

Diaz I., Kokkoli E., Terasaki O i Tsapatsis M. 2004. Struktura powierzchniowa kryształów zeolitu (MIF). *Materiał chemiczny.* 16: 5226-5232.

Diaz J.C., Gil-Chavez I.D., Giraldo L. i Moreno-Pirajan J.C. 2010. Separacja mieszaniny etanolu i wody przy użyciu zeolitowego sita molekularnego typu A. *E-Dziennik Chemii.* 7 (2): 483-485.

Egeblad K., Kustova M., Klitgaard K.S., Zhu K. i Christensen C.H. 2007. Mezoporowaty Zeolit i Zeotypowe Pojedyncze Kryształy Syntetyzowane w podłożach fluorkowych. *Materiały mikroporowate i mezoporowate.* 101: 214-223.

Endres R., Drave H., Mansmann M. i Puppe L. 1981. Proces przygotowania zeolitu A z Kaolinu. *Patent Stanów Zjednoczonych 4271130.*

Esmaeli A. i Saremnia B. 2016. Synteza i charakterystyka nanocząsteczek Zeolitu NaA z *Hordeum vulgare L.* Husk Do rozdziału całkowitego węglowodoru naftowego przez proces adsorpcji. *Journal of The Taiwan Institute of Chemical Engineers.* 61: 276-268.

Figueroa J.J., Hoss Lunelli B., Maciel Filho R. i Wolf Maciel M.R. 2012. Poprawa produkcji bezwodnego alkoholu etylowego poprzez destylację ekstrakcyjną przy użyciu cieczy jonowej jako rozpuszczalnika. *Inżynieria procesowa.* 42: 1016-1026.

Foletto E.L., Castoldi M.M., Oliveira L.H., Hoffman R. i Jahn S.L. 2009. Konwersja łuski ryżowej na materiały zeolityczne. *Latin American Applied Research.* 39: 75-78.

Foo K.Y. i Hameed B.H. 2010. Wgląd w modelowanie systemów izotermii adsorpcyjnej. *Dziennik Inżynierii Chemicznej.* 156: 2-10.

Fotovat F., Kazemian H. i Kazemeini M. 2009. Synteza Zeolitów Na-A i Faujasitowych z Wysokokrzemowego Popiołu Lotniczego. *Biuletyn Badań Materiałowych.* 44: 913-917.

Franks F. 1989. Zjawiska hydratacyjne w układach koloidalnych. *Water Science Review*. 4: 166-167.

Frilette V.J. i Kerr G.T. 1963. Proces wytwarzania krystalicznych zeolitów. *Stany Zjednoczone Patenty 3071434*

Frolkova A.K. i Ravae V.M. 2010. Bioetanol Odwodnienie: Stan techniki. *Teoretyczna podstawa inżynierii chemicznej*. 44(4): 545-556.

Frost J. 2014. Jak połączyć model regresji z niskimi wartościami R i p. Blog Minitabu. (on-line). http://blog.minitab.com/adventures-in-statitistics/how-to-interprete-a-regression-with-low-r-squared-and-low-p-values (16 grudnia 2016 r.)

Gabrus E., Nastaj J., Tabero P. i Aleksandrzak T. 2015. Badania eksperymentalne nad regeneracją sit molekularnych 3A i 4A zeolitowych w procesie TSA: Alkohole alifatyczne Dewatering-woda Desorpcja. *Dziennik Inżynierii Chemicznej*. 259: 232-242.

Geankoplis C.J. 1995. *Procesy transportowe i operacje jednostkowe*. Singapur: Prentice Hall International.

Gomis V., Pedraza R., Saquete M.D., Font A. i Garcia-Cano J. 2015. Odwodnienie etanolu poprzez destylację azeotropową z użyciem mieszanek frakcji benzynowych jako substancji wejściowych: Badanie na skalę pilotażową z przemysłowo produkowanym bioetanolem i naftą. *Technologia przetwarzania paliwa*. 140: 198-204

Gougazeh M. i Buhl J.C. 2014. Synteza i charakterystyka zeolitu A metodą hydrotermicznej transformacji naturalnego kaolinu jordańskiego. *Journal of the Association of the Arab Universities for Basic & Applied Sciences*. 15: 35-42.

Green, D.W. i Maloney, J.O. 1997. *Podręcznik inżynierii chemicznej Perry'ego*. Siódmy ed. Nowy Jork: McGraw Hill.

Haden W.L., Metuchen J. i Dzierzanowski.1961. Metoda wytwarzania syntetycznego materiału zeolitowego. *Patent Stanów Zjednoczonych 2992068*.

Hamai K., Takenaka N., Nanzai B., Okitsu K., Bandow H. i Maeda Y. 2008. Wpływ dodawania soli na rozpylanie ultradźwiękowe w roztworze wodnym etanolu. *Sonochemia ultrasoniczna.* 16: 150 – 154.

Holmes S.M., Alomair A.A. i Kovo A.S. 2012. Bezpośrednia synteza czystego zeolitu przy użyciu "dziewiczego" kaolinu. *RSC Advances.* 2: 11491-11494

Hsu S.H., Hsu W.C., Chung T.W i Liao C.C. 2013. Dynamiczne badanie adsorpcji do usuwania wody z roztworu etanolu przy użyciu nowego, unieruchomionego sorbentu skrobiowego. *Dziennik tajwańskiego Instytutu Inżynierów Chemików.* 44: 952-956.

Huang Y.P. i Chang J.I. 2009. Produkcja biodiesla z olejów odpadowych odzyskanych z wypalanej ziemi wybielającej. *Energia odnawialna.* 35: 269-274.

Inayat A., Knoke I., Spiecker E. i Schwieger W. 2012. Zestawy Nanosheets Mezoporous FAU-Type Zeolite. *Angewandte Communications.* 51: 1962-1965.

Międzynarodowe Stowarzyszenie Zeolitów. http://www.iza-online.org

Iqbal A. i Ahmad S.A. 2016. Destylacja wahadłowa ciśnieniowa mieszaniny azeotropowej - badanie symulacyjne. *Perspektywy w nauce.* Artykuł w prasie.

Ismail A.A, Mohamed R.M., Ibrahim I.A., Kini G. i Koopman B. 2010. Synteza, optymalizacja i charakterystyka zeolitu A i jego właściwości wymiany jonowej. *Koloidy i powierzchnie A: Aspekty fizykochemiczne i inżynieryjne.* 399: 80-87.

Izidiro J.C., Fungaro D.A., Abbort J.E. i Wang S. 2012. Synteza zeolitów X i A z popiołów lotnych do usuwania kadmu i cynku z roztworów wodnych w systemach jonowych pojedynczych i podwójnych. *Paliwo.* 103: 827-834.

Jamil T.S., Gad-Allah T.A., Ibrahim H.S. i Saleh T.S. 2011a. Adsorpcja i izotermiczne modele Atrazyny Zeolitem Przygotowane z egipskiego Kaolinu. *Solid State Sciences.* 13: 198-203.

Jamil T.S., Abdel Ghafar H.H., Ibrahim H.S. i Abd El Maksoud I.H. 2011b. Usuwanie błękitu metylenowego za pomocą dwóch zeolitów przygotowanych z naturalnie występującego egipskiego kaolinu jako technika efektywna kosztowo. *Solid State Sciences.* 13: 1844-1851

Jeong J., Jeon H., Ko K. Chung B. i Choi G. (2012). Produkcja bezwodnego alkoholu etylowego z wykorzystaniem różnych procesów PSA (adsorpcja zmiennociśnieniowa) w zakładzie pilotażowym. *Energia odnawialna.* 42: 41-45.

Jiang J., Feng L., Gu X., Qian Y., Gu Y. i Duanmu C. 2012. Synteza Zeolitu A z Pałygorskitu poprzez aktywację kwasem. *Clay Science.* 55: 108-113.

Johansen R.T. i DunningH.N. (1957). Adsorpcja pary wodnej na Claysie. *Szósta krajowa konferencja na temat gliny i minerałów gliny.* 249-258.

Katsuki H. i Komarneni S. 2009. Synteza Na-A i/lub Na-X Zeolitu/porowatych kompozytów węglowych z karbonizowanej łuski ryżowej. *Journal of Solid State Chemistry.* 182: 1749-1753.

Keerthana S., Agilan S. i Muthukumarasamy N. i Velauthapillai D. 2014. Synteza i charakterystyka sproszkowanego i osadzonego na koralikach korundu Zeolitu NaA metodą Dip-coating. *Journal of Sol Gel Science Technology.* 72: 637- 643.

Kirpalani D.M. i Suzuki K. 2011. Wzbogacanie etanolu z mieszaniny wody etanolowej przy użyciu ultradźwiękowej atomizacji wysokiej częstotliwości. *Sonochemia ultrasoniczna.* 18: 1012 – 1017.

Pocałunek A.A. i Ignat R.M. 2012. Innowacyjne jednoetapowe biodehydratacja w ekstrakcyjnej kolumnie ściany działowej. *Technologia separacji i oczyszczania.* 98: 290-297.

Klamrassame T., Pavasant P. i Laosiripojana N. 2010. Synteza zeolitu z popiołu lotnego: jego zastosowanie jako adsorbentu wodnego. *Dziennik inżynieryjny.* 14(1): 37-44.

Koshy N. i Singh D.N. 2016. Zeolity z popiołu lotnego do zastosowań w uzdatnianiu wody. *Journal of Environmental Chemical Engineering*. 4: 1460 – 1472.

Kosanovic C., Jelic T.A., Bronic J, Kralj D. i Subotic B. 2011. Właściwości chemicznie kontrolowanych cząstek stałych Zeolitów: W stronę beztłuszczowych cząstek zeolitu A. Część 1. Wpływ współczynnika molowego partii [SiO2/Al2O3] na rozmiar i kształt kryształu Zeolitu A. *Materiały mikroporowate i mezoporowate*. 137: 72-82.

Kugbe J., Matsue N. i Henmi T. 2009. Synteza nanokompozytu zeolitowo-goetytowego typu Linde A jako adsorbentu do kationowych i anionowych zanieczyszczeń. *Journal of Hazardous Material*. 164: 929-935.

Kunnakorn D., Rirksomboon T., Siemanond K., Aungkavattana P., Kuanchertchoo N., Chuntanalerg P., Hemra K., Kulprathipanja S., James R.B. i Wongkasemjit S. 2013. Techno Porównanie wykorzystania energii pomiędzy destylacją azeotropową i hybrydowym systemem separacji etanolu wodnego. *Energia odnawialna*. 51: 310-316.

Kumar S., Singh N i Prasad R. 2010. Bezwodny etanol: A Odnawialne źródło energii. *Przeglądy dotyczące energii odnawialnej i zrównoważonej*. 14: 1830-1834.

Linegar K.L., Adeniran A.E. Kostko A.F. i Anisimov M.A. 2010. Hyrdrodynamiczny promień glikolu polietylenowego w roztworze otrzymanym w wyniku dynamicznego rozpraszania światła. *Colloid Journal*. 7(2): 279-281.

Loh S.K., James S., Ngatiman M., Cheong K.Y., Choo Y.M. i Lim W.S. 2013. Ulepszanie odpadów rafinerii oleju palmowego - Ziemia Zużyta do Wybielania (SBE) na nawóz bioorganiczny i ich wpływ na wzrost biomasy roślinnej. *Uprawy i produkty przemysłowe*. 49: 775-781.

Loiola A.R., Andrade J.C.R.A, Sasaki J.M. i da Silva L.R.D. 2012. Analiza strukturalna Zeolitu NaA syntetyzowanego ekonomiczną metodą hydrotermiczną przy użyciu Kaolinu i jego zastosowania jako zmiękczacza wody. *Journal of Colloid and Interface Science*. 367: 34-39.

Luyben W.L. 2015. Ulepszona konstrukcja systemu destylacji ekstrakcyjnej z zastosowaniem rozpuszczalnika o średnim punkcie wrzenia. *Technologia separacji i oczyszczania*. 156: 336-347

Maes P.J. i Dijkstra A.J. 1993. Proces regeneracji zużytej ziemi wybielającej. *Patent Stanów Zjednoczonych 5256613.*

Mat R., Ling O.S., Johari A i Mohamed M. 2011. W produkcji biodiesla na miejscu Odzyskany olej resztkowy ze zużytej ziemi wybielającej. *Bulletin of Chemical Reaction Engineering & Catalysis*. 6(1): 53-57.

Mc Cabe W.L., Smith J.C. i Harriot P. 2005. *Jednostka Operacyjna Inżynierii Chemicznej*. Singapur: Mc Graw Hill.

Meziti C. i Boukerroui A. 2011. Regeneracja odpadów stałych z Rafinerii Olejów Jadalnych. *Ceramics International*. 37: 1953-1957.

Micromeritics ASAP 2020 Training Manual. 2010.

Milliken T.H., Oblad A.G. i Mill G.A. 1955. Użycie Claysa jako katalizatora krakingu naftowego. [1.] *Krajowa Konferencja na temat Gliny i Technologii Gliny*. Biuletyn 169: 314-169.

Milton R.M. 1959. Adsorbenty z sitem molekularnym. *Patent Stanów Zjednoczonych 2882243.*

Mohamed R.M., Ismail Adel. A., Kini G., Ibrahim I.A. i Koopman B. 2009. Synteza wysoce uporządkowanego zeolitu sześciennego A i jego zachowania na zasadzie wymiany jonowej. *Koloidy i powierzchnie A: Aspekty fizykochemiczne i inżynieryjne*. 348: 87-92.

Moneim M.A. i Ahmed E.A. 2015. Synteza faujasitu z klocków jajecznych: Charakterystyka i usuwanie metali ciężkich. *Geomateriały*. 5: 68 – 76.

Mulia-Soto J.F. i Flores-Tlacuahuac A. 2011. Symulacja modelowania i sterowanie wewnętrznie ogrzewanym zintegrowanym procesem destylacji ciśnieniowo-skrzydłowej w celu rozdzielenia bioetanolu. *Komputery i inżynieria chemiczna*. 35: 1532-1546.

Musyoka N.M., Petrik L.F., Hums E., Baser H. i Schwieger W. 2012. In Situ Ultrasonic Monitoring of Zeolite A Crystalisation From Coal Fly Ash. *Kataliza dzisiaj.* 190 : 38 – 46.

Nii S., Maatsura K., Fukazu T., Toki M. i Kawaizumi F. 2006. Nowa metoda rozdzielania związków organicznych poprzez atomizację ultradźwiękową. *Badania i projektowanie w dziedzinie inżynierii chemicznej.* 84 (A5): 412 - 415.

Novembre D., Di Sabatino B., Gimeno D. i Pace C. 2011. Synteza i charakterystyka Zeolitów Na-X, Na-A i Na-P oraz Hydroksysodalitu z Metakaoliny. *Clay Minerals.* 46: 339 – 354.

Nurbas M., Kacar Y. i Kutsal T. 2002. Określanie współczynnika całkowitego przeniesienia masy dla adsorpcji jonów Cu2+ Onto Ca-Alginate w stałej kolumnie łóżka. *The European Journal of Mineral Processing and Environmental Protection.* 2(2): 55-60

Ojha K., Pradhan N.C. i Samanta A.N. 2004. Zeolit z popiołu lotnego: synteza i charakterystyka. *Bulletin Material Science.* V27 (nr 6): 555-564.

Ojumu T.V., Du Plesis P.W. i Petrik L.F. 2016. Synteza Zeolitu A z popiołu lotnego przy użyciu technologii Ultradźwiękowej - A Replacement For Fusion Step. *Sonochemia ultrasoniczna.* 31: 342-349.

Okewale A.O., Etuk B.R. i Igbokwe P.K. 2011. Badania porównawcze niektórych adsorbentów skrobiowych do pobierania wody z mieszanek wodnych z etanolem. *International Journal of Engineering Technology.* 11(5): 18-27.

Osmundsen C.M., Holm M.S., Dahl S. i Taarning E. 2012. Cyna zawierająca krzemiany: Relacje struktura-aktywność. *Postępowanie Towarzystwa Królewskiego A.* 468: 2000-2016.

Padala S., Le M.K., Kook S. i Hawkes E.R. 2012. Diagnostyka obrazowa dysz wtryskowych do silników samochodowych z portem etanolowym. *Inżynieria cieplna stosowana.* 52: 24 -37. .

Parag S., Bhadraiah K. i Raghavan V. 2010. Emisje z płomieni paliw kopalnych mieszanych z etanolem. *Eksperymentalne badania termiczne i płynów*. 35: 96 -104.

Perea D.E., Arslan I., Liu J., Ristanovic Z., Kovarik L., Arey B.W., Lercher J.A., Bare S.R. i Weckhuysen B.E. 2015. Określanie lokalizacji i najbliższych sąsiadów Aluminium w Zeolitach za pomocą Tomografii Sondy Atomowej. *Komunikacja przyrodnicza*. DOI: 10.1038.

Pereira P.F., Marra M.C., Munoz R.A.A. i Richter E.M. 2012. System analizy szybkiego wtrysku wsadu do oznaczania stężenia etanolu w gazoholu i etanolu z paliwa. *Talanta*. 90: 99 – 102.

Prokof'ev V.Y., Gordina N.E. i Efremov A.M. 2013. Synteza zeolitu typu A z Mechanicznie Aktywowanych Mieszanin Metakaolinowych. *Journal of Material Sciences*. 48: 6276-6285.

Purnomo W.P., Salim C. i Hinode H. 2012. Synteza czystego Na-X i Zeolitu Na-A z popiołu lotnego z bagaży. *Materiał mikroporowaty i mezoporozyjny*. 162: 6-13.

A., Rangkoy H.A., Khavanin A., Jonidi A., Soltani R.D.V. i Nili-Ahmadabadi A. (2011). Właściwości adsorpcyjne i przełomowy model formaldehydu na podłożu kostnym. *International Journal of Environmental Science and Development*. 2(6): 423-427.

Rida K, Boraoui S. i Hadnine S. 2013. Adsorpcja błękitu metylenowego z roztworu wodnego przez Kaolin i Zeolit. *Clay Science*. 83-84: 99 – 105.

Rios C.A., Williams C.D. i Fullen M.A. 2009. Historia zarodkowania i wzrostu zeolitu LTA syntetyzowanego z kaolinitu dwoma różnymi metodami. *Clay Science*. 42:446-454.

Rios C.A., Williams C.D. i Castellanos A. 2010. Synteza zeolitu z termicznie przetworzonego kaolinitu. *Ks. Fac. Ing. Antioquia*. 53: 30-41.

Rios C.A., William C.D. i Castellanos O.M. 2012. Krystalizacja niskokrzemionkowych Zeolitów Na-A i Na-X z transformacji Kaolinu i Obsydianu za pomocą syntezy alkalicznej (Alkaline Fusion). *Ingeniera y Competitividad.* 14(2): 125-137.

Rondon W., Freire D., Benzo Z.D., Sifontes A.B., Gonzalez Y., Valero M. i Brito J.L. 2013. Zastosowanie zeolitów 3A przygotowanych z wenezuelskiego kaolinu do usuwania Pb(II) ze ścieków i jego oznaczania przy użyciu płomieniowej atomowej spektrometrii absorpcyjnej. *American Journal of Analytical Chemistry.* 4: 584-593.

Seader J.D. i Henley E.J. 1998. *Zasady procesu separacji.* USA: John Wiley.

Shigemoto N. i Hayashi H. 1993. Selective Formation of Na-X Zeolite From Coal Fly Ash By Fusion with Sodium Hydroxide Prior to Hydrothermal Reaction. *Journal of Material Science.* 28: 4781- 4786.

Simo M., Brown C.J. i Hlavacek V. 2007. Symulacja adsorpcji zmiennociśnieniowej w procesie produkcji etanolu z paliwa. *Komputery i inżynieria chemiczna.* 32: 1635-1649.

Su S., Ma H. i Chuan X. 2016. Hydrotermiczna synteza zeolitu A z K-Feldspar i jego mechanizm krystalizacji. *Zaawansowana technologia proszkowa.* 27: 139-144.

Suhartani S., Hidayat N i Wijaya S. 2011. Właściwości fizyczne Brykiet paliwowy wyprodukowany z wypalanej ziemi wybielającej. *Biomasa i Bioenergia.* 35: 4209-4214.

Sun N., Okoye C, Niu C. H. i Wang H. 2007. Adsoprcja wody i etanolu przez biomateriały. *International Journal of Green Energy.* 4: 623-634.

Tanaka H. i Fujii A. 2009. Wpływ mieszania na rozpuszczanie popiołu lotnego i syntezę czystych zeolitów Na-A i -X w dwuetapowym procesie. *Zaawansowana technologia proszkowa.* 20: 473-479.

Takaya H., Nii S., Kawaizumi F. i Takahashi K. 2004. Wzbogacanie środka powierzchniowo czynnego z jego roztworu wodnego przy użyciu atomizacji ultradźwiękowej. *Sonochemia ultrasoniczna.* 12: 483 – 487.

Tavasoli M., Kazemian H., Sajdadi S. i Tamizifar M. 2014. Synteza i charakterystyka Zeolitu NaY przy użyciu Kaolinu z różnymi metodami syntezy. *Clay and Clay Minerals.* 62(6) : 508-518

Tsai W.T., Chang C.Y., Ho C.Y. i Chen L.Y. (1999). Uproszczony opis adsorpcyjnych krzywych przebicia 1,1-Dicholo-1-fluoroetanu (HCFC-141b) na węglu aktywowanym z efektem temperaturowym. *Journal of Colloid and Interface Science.* 214: 455-458.

Uragami T., Banno M. i Miyata T. 2015. Odwodnienie azeotropu etanolowo-wodnego przez membrany Alginate-DNA usieciowane jonami metalowymi Pervaporation. *Polimery węglowodanowe.* 134: 38-45

Volli V. i Purkait M.K. 2015. Selektywne przygotowanie popiołu lotnego Zeolitu X i A oraz jego zastosowanie jako katalizatora do produkcji biodiesla. *Journal of Hazardous Material.* 297: 101-111.

Vaiciukyniene D., Kantautas A., Vaitkevicius V., Jakevicius L. Rudzionis Z. i Paskevicius M. 2015. Wpływ obróbki ultradźwiękowej na Zeolit NaA Syntezowany z krzemionki produktów ubocznych. *Sonochemia ultrasoniczna.* 27: 515-521.

Vaughan D.E. 1985. Process For Direct Synthesis of Sodium and Potassium Containing Zeolite A. *Patent Stanów Zjednoczonych 4534947.*

Walls W.D., Rusco F. i Kendix M. 2011. Polityka dotycząca biopaliw i amerykański rynek paliw silnikowych: Empiryczna analiza rozpryskiwania etanolu. *Polityka energetyczna.* 39: 3999 – 4006.

Wang Y., Gong C., Sun J., Gao H., Zheng S i Xu S. 2010. Separacja etanolu/azotropu wodnego przy użyciu złożonych adsorbentów na bazie skrobi. Technologia Bioresource. 101: 6170-6176.

Watanabe Y., Yamada H., Tanaka J., Komatsu Y. i Moriyoshi Y. 2004. Ammonium Ion Exchange of Synthethic Zeolites: Efekt ich otwartych okien, struktur porów i pojemności wymiany kationów. *Separacja Nauka i Technologia.* 39 (9): 2091-2104.

Yamamoto T., Kim H.K., Kim B.C., Endo A., Thongprachan N. i Ohmori T. 2012. Charakterystyka adsorpcyjna zeolitów do odwadniania etanolu: Ocena dyfuzyjności wody w strukturze porowatej. *Dziennik Inżynierii Chemicznej.* 181-182: 443 – 448.

Yusof A.M., Nizam N.A. i Abdul Rashid N.A. 2010. Hydrotermiczna konwersja popiołu z łuski ryżowej na faujasyt i zeolitu typu NaA. *Journal of Porous Matter.* 17: 39-47.

Printed by Books on Demand GmbH, Norderstedt / Germany